StudyHelp

1. Auflage

www.studyhelp.de

Druck: Media Print Informationstechnologie GmbH

ISBN: 978-3-981-80132-3

Inhaltsverzeichnis

1 Analytische Geometrie: Grundlagen

1.1 Punkte im Koordinatensystem ablesen

Zu einem beliebigen Punkt im dreidimensionalen Raum $(x_1|x_2|x_3)$ bzw. $(x|y|z)$, z.B. $P(6|7|4)$, gelangt man, indem man vom Nullpunkt des Koordinatensystems 6 Einheiten in x-Richtung, 7 Einheiten in y-Richtung und dann 4 Einheiten in z-Richtung geht. Hier noch besondere Punkte:

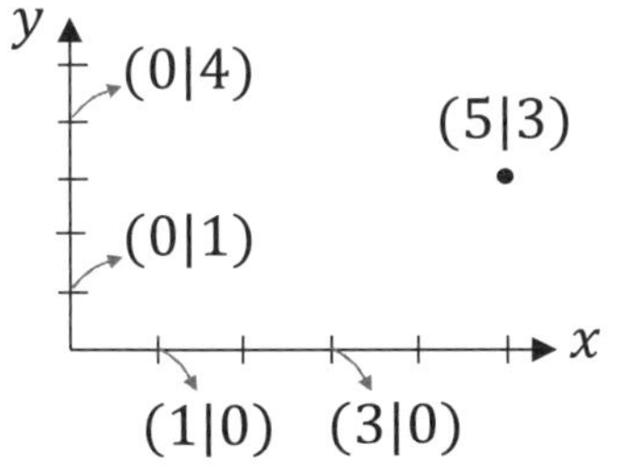

2-Dimensional:

- Alle Punkte auf der y-Achse haben den x-Wert 0! $P(0|y)$
- Alle Punkte auf der x-Achse haben den y-Wert 0! $P(x|0)$

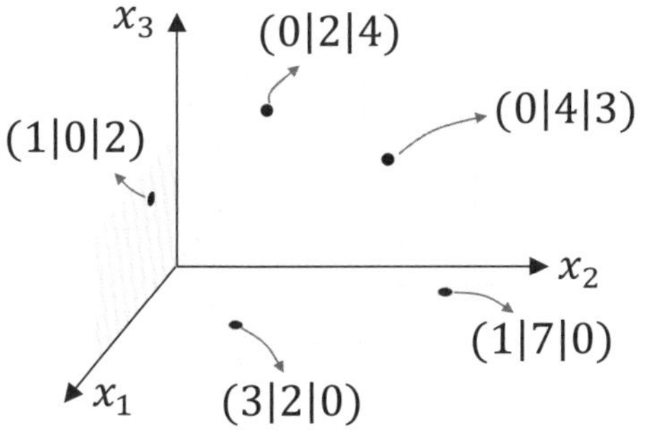

3-Dimensional:

- Alle Punkte in der x_1x_2-Ebene haben den x_3-Wert 0! $P(x_1|x_2|0)$
- Alle Punkte in der x_1x_3-Ebene haben den x_2-Wert 0! $P(x_1|0|x_3)$
- Alle Punkte in der x_2x_3-Ebene haben den x_1-Wert 0! $P(0|x_2|x_3)$

1.2 Vom Punkt zum Vektor

Ein Vektor $\overrightarrow{AB}$ bezeichnet eine Verschiebung in der Ebene oder im Raum. Aus zwei Punkten im 3-dimensionalem Raum $A(a_1|a_2|a_3)$ und $B(b_1|b_2|b_3)$ erhält man den Vektor

$$\overrightarrow{AB} = \begin{pmatrix} b_1 - a_1 \\ b_2 - a_2 \\ b_3 - a_3 \end{pmatrix}$$

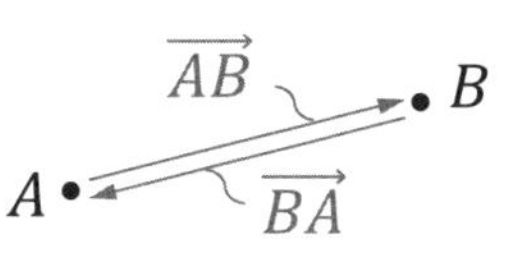

Grafisch wird der Vektor durch einen Pfeil dargestellt, der vom Punkt A zum Punkt B zeigt. Der Vektor $\overrightarrow{BA}$ zeigt in die entgegengesetzte Richtung und ist genauso lang wie $\overrightarrow{AB}$.

1.3 Unterschied Ortsvektor/Richtungsvektor

Ist $O(0|0)$ der Koordinatenursprung und $P(5|2)$ ein Punkt, so heißt der Vektor $\overrightarrow{OP} = \vec{p} = \begin{pmatrix} 5-0 \\ 2-0 \end{pmatrix} = \begin{pmatrix} 5 \\ 2 \end{pmatrix}$ Ortsvektor zum Punkt P.

Ortsvektor zum Punkt *P*

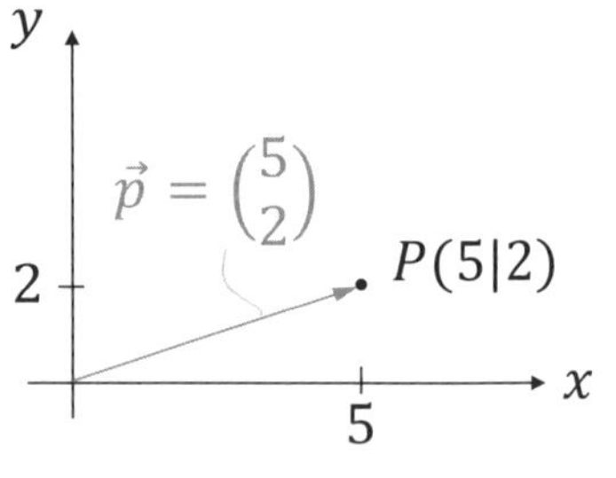

Richtungsvektor von Punkt *A* zu *B*

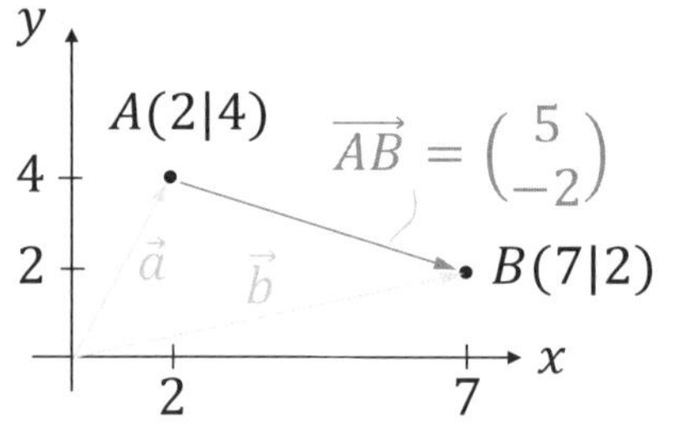

Richtungsvektoren können jeden Punkt als Startpunkt haben, während Ortsvektoren immer vom Koordinatenursprung ausgehen. Zum Beispiel lautet der Richtungsvektor zwischen $A(2|4)$ und $B(7|2)$:

$$\overrightarrow{AB} = \vec{b} - \vec{a} = \begin{pmatrix} 7-2 \\ 2-4 \end{pmatrix} = \begin{pmatrix} 5 \\ -2 \end{pmatrix}.$$

Zwei Richtungsvektoren sind identisch, wenn sie gleich lang sind und die gleiche Richtung haben. Im dreidimensionalem Raum werden Orts- und Richtungsvektoren genau wie im zwei-dimensionalen aufgestellt. Einziger Unterschied ist die zusätzliche Koordinate x_3 (oder z).

1.4 Länge eines Vektors

In kartesischen Koordinaten kann die Länge von Vektoren nach dem Satz des Pythagoras berechnet werden. Gegeben sei Vektor $\vec{a} = (2\ 1\ 4)^T$ - Hinweis: Schreibweise mit „hoch T" (Transponierte einer Matrix) ist oft platzsparender! Bitte nicht verzweifeln, es gilt:

$$\vec{a} = (2\ 1\ 4)^T = \begin{pmatrix} 2 \\ 1 \\ 4 \end{pmatrix},$$

dann wird die Länge über $|\vec{a}| = \sqrt{2^2 + 1^2 + 4^2}$ bestimmt. Oder allgemein mit

$$a = |\vec{a}| = \sqrt{a_1{}^2 + a_2{}^2 + a_3{}^2}.$$

Alternativ kann die Länge auch als die Wurzel des Skalarprodukts angeben werden:

$$a = |\vec{a}| = \sqrt{\vec{a} \bullet \vec{a}}.$$

Vektoren der Länge 1 heißen Einheitsvektoren oder normierte Vektoren.
Hat ein Vektor die Länge 0, so handelt es sich um den Nullvektor.

1.5 Rechnen mit Vektoren

Addieren/Subtrahieren: Rechenregel gilt für + und −, kurz: ±

$$\vec{a} \pm \vec{b} = \begin{pmatrix} a_1 \\ a_2 \\ a_3 \end{pmatrix} \pm \begin{pmatrix} b_1 \\ b_2 \\ b_3 \end{pmatrix} = \begin{pmatrix} a_1 \pm b_1 \\ a_2 \pm b_2 \\ a_3 \pm b_3 \end{pmatrix}$$

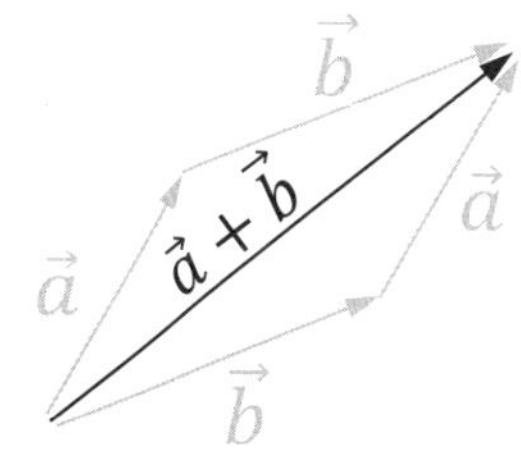

$$\text{z.B.} \begin{pmatrix} 2 \\ -1 \\ 5 \end{pmatrix} + \begin{pmatrix} 8 \\ 1 \\ -3 \end{pmatrix} = \begin{pmatrix} 2 & + & 8 \\ -1 & + & 1 \\ 5 & + & (-3) \end{pmatrix} = \begin{pmatrix} 10 \\ 0 \\ 2 \end{pmatrix}.$$

Multiplikation mit Zahl: Länge des Vektors ändert sich! Richtung bleibt gleich.

$$2 \cdot \begin{pmatrix} 2 \\ 2 \\ 2 \end{pmatrix} = \begin{pmatrix} 2 \cdot 2 \\ 2 \cdot 2 \\ 2 \cdot 2 \end{pmatrix} = \begin{pmatrix} 4 \\ 4 \\ 4 \end{pmatrix}$$

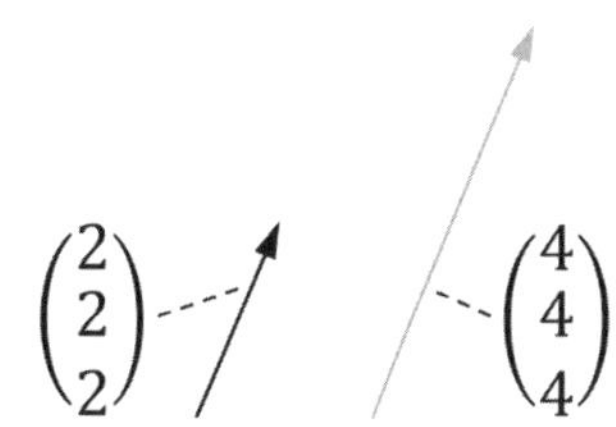

Skalarprodukt

Das *Skalarprodukt* (auch inneres Produkt, selten Punktprodukt genannt) ist eine mathematische Verknüpfung, die zwei Vektoren eine Zahl (Skalar) zuordnet. Um es nicht mit dem Malzeichen „·“ zu verwechseln, benutzen wir im Folgenden für das Skalarprodukt „•“. Es wird für die Berechnung von Winkeln zwischen Vektoren benutzt. Als allgemeines Rechenbeispiel folgt für Vektoren des $\mathbb{R}^3$:

$$\vec{a} \bullet \vec{b} = \begin{pmatrix} a_1 \\ a_2 \\ a_3 \end{pmatrix} \bullet \begin{pmatrix} b_1 \\ b_2 \\ b_3 \end{pmatrix} = a_1 \cdot b_1 + a_2 \cdot b_2 + a_3 \cdot b_3.$$

Jetzt mal als Zahlenbeispiel:

$$1) \quad \begin{pmatrix} 2 \\ 1 \\ 3 \end{pmatrix} \bullet \begin{pmatrix} 1 \\ 4 \\ 1 \end{pmatrix} = 2 \cdot 1 + 1 \cdot 4 + 3 \cdot 1 = 9$$

$$2) \quad \begin{pmatrix} 2 \\ 0 \\ 1 \end{pmatrix} \bullet \begin{pmatrix} -1 \\ 2 \\ 2 \end{pmatrix} = -2 + 0 + 2 = 0$$

Achtung: Wenn die 0 raus kommt, dann sind die beiden Vektoren senkrecht (auch orthogonal genannt) zueinander!

Wofür wir das Skalarprodukt brauchen:

- Winkelberechnung zwischen Vektoren in der Ebene (2D):
  $\cos(\alpha) = \frac{\vec{a} \bullet \vec{b}}{|\vec{a}| \cdot |\vec{b}|} = \frac{a_1 \cdot b_1 + a_2 \cdot b_2}{\sqrt{a_1^2 + a_2^2} \cdot \sqrt{b_1^2 + b_2^2}}$

- Winkelberechnung zwischen Vektoren im Raum (3D):
  $\cos(\alpha) = \frac{\vec{a} \bullet \vec{b}}{|\vec{a}| \cdot |\vec{b}|} = \frac{a_1 \cdot b_1 + a_2 \cdot b_2 + a_3 \cdot b_3}{\sqrt{a_1^2 + a_2^2 + a_3^2} \cdot \sqrt{b_1^2 + b_2^2 + b_3^2}}$

- Prüfung, ob Orthogonalität vorliegt:
  Wenn $\vec{a}$ und $\vec{b}$ orthogonal sind, dann gilt: $\vec{a} \bullet \vec{b} = 0$.

- Ermittlung eines Normalenvektors:
  Bedingungen für einen Normalenvektor $\vec{n}$ von $\vec{a}$ und $\vec{b}$ sind:
  $\vec{n} \bullet \vec{a} = 0$ und $\vec{n} \bullet \vec{b} = 0$

Kreuzprodukt/Vektorprodukt

Das *Kreuzprodukt* der Vektoren $\vec{a}$ und $\vec{b}$ ist ein Vektor, der senkrecht auf der von den beiden Vektoren aufgespannten Ebene steht und mit ihnen einen drei-dimensionalen Raum bildet. Allgemein gilt:

$$\vec{a} \times \vec{b} = \begin{pmatrix} a_1 \\ a_2 \\ a_3 \end{pmatrix} \times \begin{pmatrix} b_1 \\ b_2 \\ b_3 \end{pmatrix} = \begin{pmatrix} a_2 \cdot b_3 - a_3 \cdot b_2 \\ a_3 \cdot b_1 - a_1 \cdot b_3 \\ a_1 \cdot b_2 - a_2 \cdot b_1 \end{pmatrix}$$

Zahlenbeispiel:

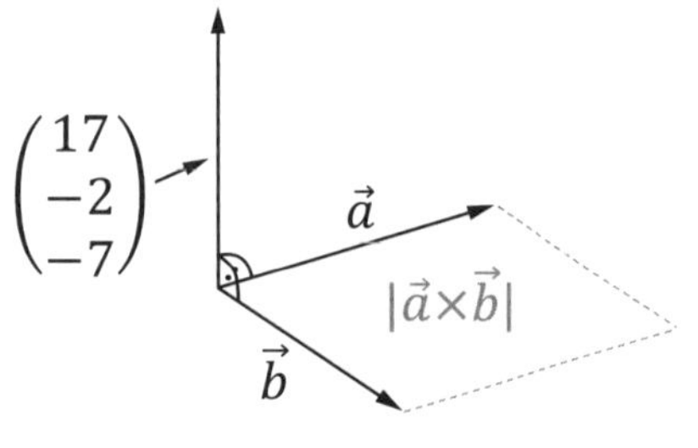

$$\begin{pmatrix} 2 \\ 3 \\ 4 \end{pmatrix} \times \begin{pmatrix} 1 \\ -2 \\ 3 \end{pmatrix} = \begin{pmatrix} 3 \cdot 3 & - & 4 \cdot (-2) \\ 4 \cdot 1 & - & 2 \cdot 3 \\ 2 \cdot (-2) & - & 3 \cdot 1 \end{pmatrix} = \begin{pmatrix} 17 \\ -2 \\ -7 \end{pmatrix}$$

Wichtig: Der Betrag des Kreuzprodukts entspricht dem Flächeninhalt des Parallelogramms, das von den Vektoren $\vec{a}$ und $\vec{b}$ aufgespannt wird. Um zu überprüfen, ob wir richtig gerechnet haben, müsste das Skalarprodukt vom Vektor des Kreuzproduktes mit den zwei einzelnen Vektoren jeweils 0 ergeben:

$$\begin{pmatrix} 17 \\ -2 \\ -7 \end{pmatrix} \bullet \begin{pmatrix} 2 \\ 3 \\ 4 \end{pmatrix} = 34 - 6 - 28 = 0 \quad \checkmark$$

$$\begin{pmatrix} 17 \\ -2 \\ -7 \end{pmatrix} \bullet \begin{pmatrix} 1 \\ -2 \\ 3 \end{pmatrix} = 17 + 4 - 21 = 0 \quad \checkmark$$

Es besteht damit die Möglichkeit, das Kreuzprodukt als Berechnung des Normalenvektors $\vec{n}$ einer Ebene zu benutzen.

Die Kombination von Kreuz- und Skalarprodukt in der Form

$$(\vec{a} \times \vec{b}) \bullet \vec{c}$$

wird als *Spatprodukt* bezeichnet. Das Ergebnis ist eine Zahl, die dem orientierten Volumen des durch die drei Vektoren aufgespannten Spats entspricht.

Anwendung

- Umwandlung von Ebenengleichungen von der Parameterform in die Koordinaten- oder Normalenform.
- Abstandsformel windschiefer Geraden.
- Berechnung des Flächeninhalts eines Parallelogramms, welches von zwei Vektoren aufgespannt wird.

1.6 Mittelpunkt einer Strecke

Gegeben sei die Strecke, die durch die Punkte A und B begrenzt wird. Gesucht sind die Koordinaten des Punktes M, der genau in der Mitte zwischen A und B liegt. Um diesen zu berechnen, benutzen wir diese einfache Formel:

$$\text{in 2D:} \quad M\left(\frac{a_1+b_1}{2} \mid \frac{a_2+b_2}{2}\right)$$

$$\text{in 3D:} \quad M\left(\frac{a_1+b_1}{2} \mid \frac{a_2+b_2}{2} \mid \frac{a_3+b_3}{2}\right)$$

Beispiel: Berechne den Mittelpunkt der Punkte $A = (2|4|3)$ und $B = (10|16|5)$.

$$M_{AB} = \left(\frac{2+10}{2} \mid \frac{4+16}{2} \mid \frac{3+5}{2}\right) = (6|10|4)$$

Zusatz - Formel Schwerpunkt Dreieck: $\overrightarrow{0S} = \frac{1}{3}(\overrightarrow{0A} + \overrightarrow{0B} + \overrightarrow{0C})$

1.7 Lineare Abhängigkeit und Unabhängigkeit

Bevor wir uns angucken, wie man lineare Abhängkeit bzw. Unabhängigkeit nachweist, soll uns die folgende Abbildung zunächst einen Überblick geben, was für Fälle auftreten können. Wichtige Begriffe hierbei: *Kollinear* und *Komplanar*.

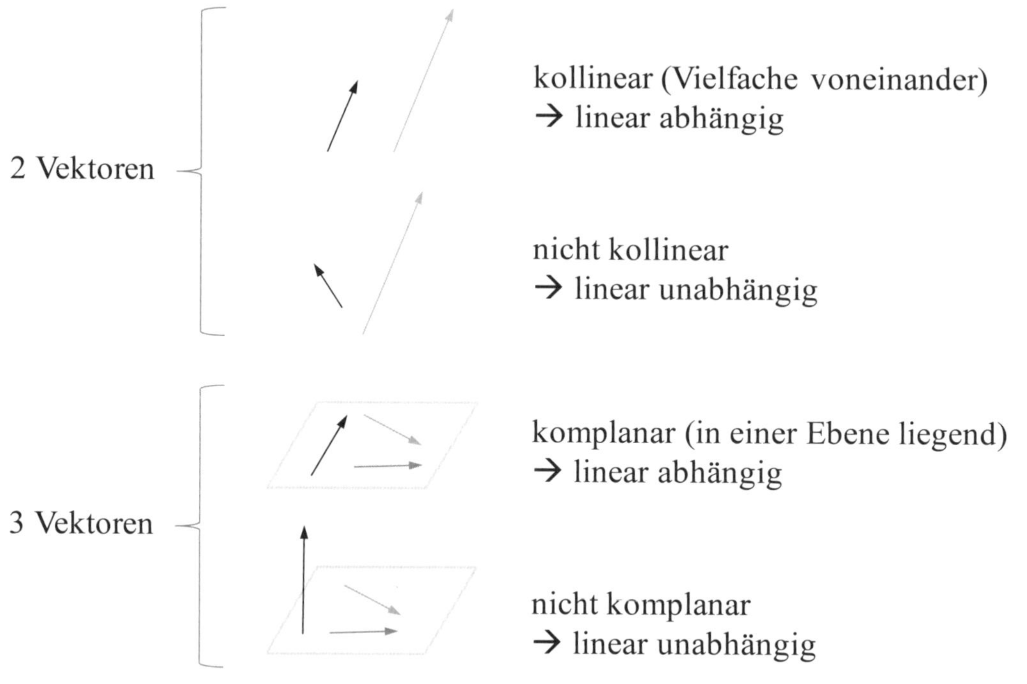

Wenn wir also nachweisen, dass zwei Vektoren kollinear bzw. drei Vektoren komplanar sind, wissen wir, dass die Vektoren linear abhängig sind.

Beispiel mit zwei Vektoren: Die zwei Vektoren $\vec{a}$ und $\vec{b}$ sind linear abhängig, da sie Vielfache voneinander sind (kollinear). Es gilt:

$$2 \cdot \begin{pmatrix} 2 \\ 2 \\ 2 \end{pmatrix} = \begin{pmatrix} 4 \\ 4 \\ 4 \end{pmatrix}$$

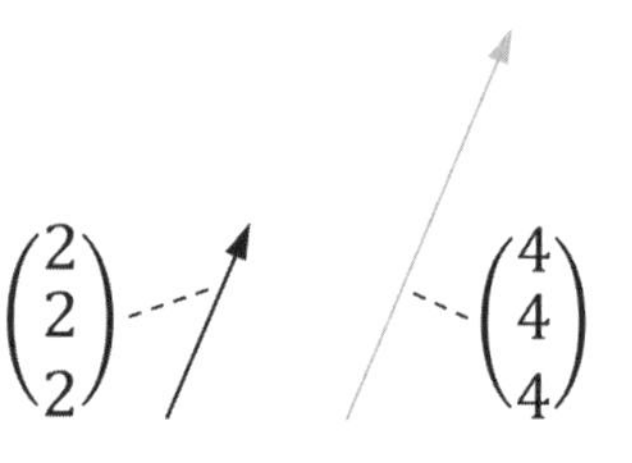

Allgemeiner Ansatz bei der Untersuchung von zwei Vektoren aus $\mathbb{R}^2$:

$$\vec{a} = r \cdot \vec{b} \Rightarrow \begin{pmatrix} 4 \\ 4 \\ 4 \end{pmatrix} = r \cdot \begin{pmatrix} 2 \\ 2 \\ 2 \end{pmatrix} \Leftrightarrow \begin{matrix} 4 = 2r \\ 4 = 2r \\ 4 = 2r \end{matrix} \Leftrightarrow \begin{matrix} 2 = r \\ 2 = r \\ 2 = r \end{matrix}$$

Nun prüft man zeilenweise die Einträge und bestimmt jeweils r. Mögliche Lösungen:

- Wenn unterschiedliche Werte für r rauskommen, dann sind die Vektoren nicht kollinear und damit linear unabhängig.

- Wenn für r überall das Gleiche rauskommt, dann sind die Vektoren kollinear und linear abhängig.

Wenn wir zeigen müssen, ob drei Vektoren $\vec{a}$, $\vec{b}$ und $\vec{c}$ aus $\mathbb{R}^3$ linear abhängig sind oder nicht, sehen wir entweder auf Anhieb, ob sich einer der Vektoren aus den anderen Vektoren darstellen lässt (komplanar), siehe dazu das Beispiel mit zwei Vektoren, oder wir arbeiten mit dem allgemeinen Ansatz, welcher immer zum Erfolg führt:

$$r \cdot \vec{a} + s \cdot \vec{b} + t \cdot \vec{c} = \vec{0}$$

Die zu untersuchende Gleichung ist äquivalent zu einem LGS, das man mit dem Gauß-Verfahren lösen kann. Mögliche Ergebnisse:

- $r = s = t = 0$, dann sind die Vektoren nicht komplanar und damit linear unabhängig
- Wahre Aussage, z.B. $0 = 0$, dann sind die Vektoren komplanar und linear abhängig

Beispiel mit drei Vektoren: Gegeben sind die Vektoren

$$\vec{a} = \begin{pmatrix} 1 \\ 1 \\ 2 \end{pmatrix} \quad \vec{b} = \begin{pmatrix} 3 \\ -1 \\ 1 \end{pmatrix} \quad \vec{c} = \begin{pmatrix} -1 \\ 3 \\ 3 \end{pmatrix},$$

die auf lineare Abhängigkeit untersucht werden sollen. Wir nehmen den allgemeinen Ansatz zur Hand und erhalten ein LGS, welches wir an dieser Stelle mit dem Gauß-Algorithmus (siehe Kap. LGS lösen) lösen:

$$r \cdot \vec{a} + s \cdot \vec{b} + t \cdot \vec{c} = \vec{0} \quad \Rightarrow \quad \begin{matrix} \text{I} \\ \text{II} \\ \text{III} \end{matrix} \left(\begin{array}{ccc|c} 1 & 3 & -1 & 0 \\ 1 & -1 & 3 & 0 \\ 2 & 1 & 3 & 0 \end{array}\right) \begin{matrix} \\ \text{II} - \text{I} \\ \text{III} - 2 \cdot \text{I} \end{matrix}$$

$$\Rightarrow \left(\begin{array}{ccc|c} 1 & 3 & -1 & 0 \\ 0 & -4 & 4 & 0 \\ 0 & -5 & 5 & 0 \end{array}\right) \begin{matrix} \\ \\ \text{III} - 5/4 \cdot \text{II} \end{matrix} \qquad \Rightarrow \left(\begin{array}{ccc|c} 1 & 3 & -1 & 0 \\ 0 & -4 & 4 & 0 \\ 0 & 0 & 0 & 0 \end{array}\right)$$

Interpretation des Ergebnisses: Da eine Nullzeile vorliegt, besitzt das LGS unendlich viele Lösungen. Hättet ihr das LGS mit einem anderem Verfahren aufgelöst, wäre eine wahre Aussage wie z.B. $0 = 0$ rausgekommen, was das gleiche bedeutet. Infolgedessen sind die Vektoren $\vec{a}$, $\vec{b}$ und $\vec{c}$ linear abhängig!

Merke beim Gauß-Verfahren:

- Nullzeile = Lineare Abhängigkeit
- keine Nullzeile = Lineare Unabhängigkeit

1.8 Koordinatenebenen

Als *Koordinatenebene* bezeichnet man eine von zwei Einheitsvektoren aufgespannte Ursprungsebene. Im dreidimensionalen Raum gibt es drei Koordinatenebenen: die xy-Ebene, die xz-Ebene und die yz-Ebene.

Im Folgenden seien die drei Koordinatenachsen des dreidimensionalen Raums $\mathbb{R}^3$ mit x_1, x_2 und x_3 bezeichnet. Die drei Koordinatenebenen werden häufig mit den Buchstaben E gekennzeichnet, der mit zwei Indizes versehen wird, die die beiden Einheitsvektoren angeben, von denen die Ebene aufgespannt wird:

- die x_1x_2-Ebene E_{12} wird von den Einheitsvektoren $\vec{e}_1$ und $\vec{e}_2$ aufgespannt
- die x_1x_3-Ebene E_{13} wird von den Einheitsvektoren $\vec{e}_1$ und $\vec{e}_3$ aufgespannt
- die x_2x_3-Ebene E_{23} wird von den Einheitsvektoren $\vec{e}_2$ und $\vec{e}_3$ aufgespannt

Hierbei sind die drei linear unabhängigen Einheitsvektoren $\vec{e}_1 = (1\ 0\ 0)^T$, $\vec{e}_2 = (0\ 1\ 0)^T$ und $\vec{e}_3 = (0\ 0\ 1)^T$.

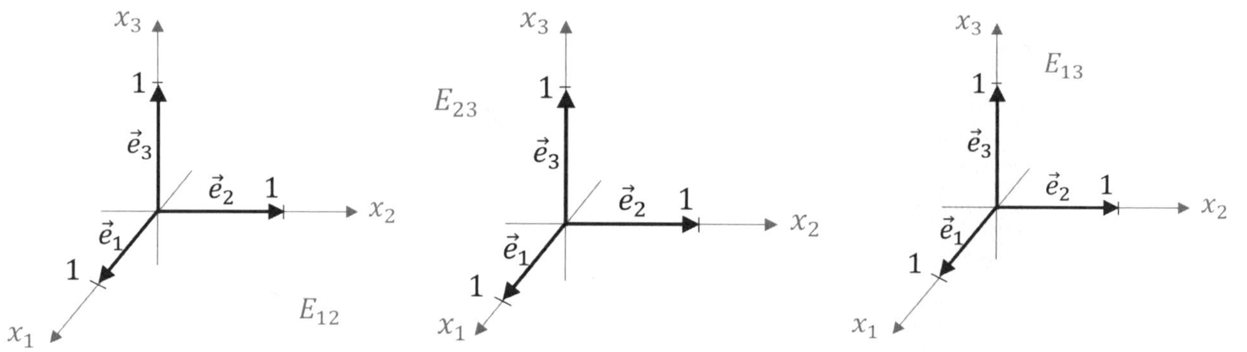

2 LGS lösen

Weißt du noch was eine lineare Gleichung ist? Dabei handelt es sich um eine Gleichung ersten Grades, d.h. die Variable x kommt in keiner höheren als der ersten Potenz vor. Die Parameter a und b können reelle Zahlen annehmen, wobei $a \neq 0$ gilt. Die allgemeine Form einer linearen Gleichung lautet:

$$ax + b = 0$$

Von einer linearen Gleichung zum Gleichungssystem

Als lineares Gleichungssystem bezeichnet man ein System linearer Gleichungen, die mehrere Unbekannte ("Variablen") enthalten. Schauen wir uns dazu ein kleines Beispiel an:

$$\begin{aligned} 3x_1 + 4x_2 &= -1 \\ 2x_1 + 5x_2 &= 3 \end{aligned}$$

Der Unterschied zwischen einer linearen Gleichung und einem linearen Gleichungssystem ist das Vorhandensein

- mehrerer Gleichungen und
- mehrerer Unbekannten.

Im Zusammenhang mit **L**inearen **G**leichungs-**S**ystemen wird auch oft die Abkürzung „LGS“ verwendet.

Allgemeine Form:

$$\begin{aligned} a_{11}x_1 + a_{12}x_2 + \cdots + a_{1n}x_n &= b_1 \\ a_{21}x_1 + a_{22}x_2 + \cdots + a_{2n}x_n &= b_2 \\ \vdots \quad \vdots \qquad & \vdots \\ a_{m1}x_1 + a_{m2}x_2 + \cdots + a_{mn}x_n &= b_m \end{aligned}$$

Beispiel:

$$\begin{aligned} 3x_1 - 2x_2 + 2x_3 &= 1 \\ -2x_1 + 5x_2 - 6x_3 &= 0 \\ 4x_1 + 3x_2 - 2x_3 &= 3 \end{aligned}$$

Gleichungssysteme mit m Gleichungen und n Unbekannten kann man folgendermaßen kategorisieren

- Quadratisches Gleichungssystem $m = n$, z.B. 3 Gleichungen und 3 Unbekannte
- Unterbestimmtes Gleichungssystem $m < n$, z.B. 2 Gleichungen und 3 Unbekannte
- Überbestimmtes Gleichungssystem $m > n$, z.B. 3 Gleichungen und 2 Unbekannte

Bei dem Thema lineare Gleichungssysteme geht es hauptsächlich darum diese zu lösen. Dazu bedient man sich sog. Lösungsverfahren, die dir bei der Ermittlung der Lösung helfen sollen. In der Schule beschäftigt man sich in der Regel mit folgenden Verfahren

- Additionsverfahren
- Einsetzungsverfahren
- Gleichsetzungsverfahren

Jedes Verfahren kann man zum Lösen von Gleichungssystemen nutzen. Jedoch ist das Additionsverfahren das Wichtigste, da für lineare Gleichungssysteme mit drei oder mehr Variablen systematische Lösungsverfahren genutzt werden sollten. Hier ist insbesondere das Gauß-Verfahren zu nennen, das auf dem Additionsverfahren beruht.

Es werden 3 Fälle für die Lösungen von Gleichungssystemen unterschieden:

- eine eindeutige Lösung, wenn z.B. als Lösung $x_1 = 5, x_2 = 4$ herauskommt.
- keine Lösung, wenn z.B. als Lösung $3 = 4$ eine falsche Aussage herauskommt.
- unendlich viele Lösungen, wenn z.B. als Lösung $0 = 0$ eine allgemeingültige Aussage herauskommt.

2.1 Einsetzungsverfahren

Vorgehen:

1. Auflösen einer Gleichung nach einer Variablen.
2. Diesen Term in die andere Gleichung einsetzen.
3. Auflösen der so entstandenen Gleichung nach der enthaltenen Variablen.
4. Einsetzen der Lösung in die Gleichung, die im 1. Schritt berechnet wurde, mit anschließender Berechnung der Variablen.

Beispiel für ein Gleichungssystem mit 2 Gleichungen und 2 Unbekannten:

$$\begin{aligned} \text{I} \quad 2x_1 + 3x_2 &= 12 \\ \text{II} \quad x_1 - x_2 &= 1 \end{aligned}$$

Gleichung II nach x_1 umformen:

$$x_1 = x_2 + 1$$

Nun x_1 in Gleichung I einsetzen und nach der enthaltenden Unbekannten auflösen

$$\begin{aligned} & 2(x_2+1)+3x_2 &= 12 \quad & \mid \text{zusammenfassen} \\ \Leftrightarrow \quad & 5x_2+2 &= 12 \quad & \mid -2 \\ \Leftrightarrow \quad & 5x_2 &= 10 \quad & \mid :5 \\ \Leftrightarrow \quad & x_2 &= 2 & \end{aligned}$$

Die Lösung $x_2 = 2$ in die umgeformte Gleichung $x_1 = x_2 + 1$ aus dem ersten Schritt einsetzen und so die andere Variable berechnen. Es folgt $x_1 = x_2 + 1 = 2 + 1 = 3$.

2.2 Gleichsetzungsverfahren

Vorgehen:

1. Auflösen beider Gleichungen nach der gleichen Variablen.
2. Gleichsetzen der anderen Seiten der Gleichung.
3. Auflösen der so entstandenen Gleichung nach der enthaltenen Variablen.
4. Einsetzen der Lösung in eine der umgeformten Gleichung aus Schritt 1 mit anschließender Berechnung der Variablen.

Beispiel für ein quadratisches Gleichungssystem mit 2 Gleichungen und 2 Unbekannten:

$$\begin{aligned} \text{I} \quad & 2x_1+3x_2 &= 12 \\ \text{II} \quad & x_1-x_2 &= 1 \end{aligned}$$

Beide Gleichungen nach derselben Variable umformen, z.B. x_1.

$$\begin{aligned} \text{Ia} \quad & x_1 &= 6-1,5x_2 \\ \text{IIa} \quad & x_1 &= 1+x_2 \end{aligned}$$

Nun Gleichung Ia und IIa gleichsetzen, denn es gilt $x_1 = x_1$. Es folgt

$$6-1,5x_2 = 1+x_2$$

Die entstandene Gleichung enthält nur noch eine Unbekannte x_2. Durch Umformen erhalten wir die Lösung:

$$\begin{aligned} & 6-1,5x_2 &= 1+x_2 \quad & \mid +1,5x_2 \; -1 \\ \Leftrightarrow \quad & 5 &= 2,5x_2 \quad & \mid :2,5 \\ \Leftrightarrow \quad & 2 &= x_2 & \end{aligned}$$

Abschließend noch die Lösung in eine der umgeformten Gleichungen aus dem ersten Schritt (also in Ia oder IIa) einsetzen und die andere Variable berechnen. Wir setzen $x_2 = 2$ in IIa ein und erhalten: $x_1 = 6 - 1,5 \cdot 2 = 3$.

2.3 Additionsverfahren

Vorgehen:

1. Entscheide, welche Unbekannte du eliminieren willst.
2. Überlege, was du tun musst, damit die Unbekannte wegfällt.
3. Berechne die Unbekannten.

Beispiel für ein quadratisches Gleichungssystem mit 2 Gleichungen und 2 Unbekannten:

$$\begin{array}{rr} \text{I} & 2x_1 + 3x_2 = 12 \\ \text{II} & x_1 - x_2 = 1 \end{array}$$

Entscheide, welche Unbekannten eliminiert werden soll!

- Möglichkeit 1: x_1 eliminieren, dass schaffen wir indem wir I−2·II rechnen.
- Möglichkeit 2: x_2 eliminieren, dass schaffen wir indem wir I+3·II rechnen.

Hier zeigen wir euch Möglichkeit 1:

$$\begin{array}{lrll} \text{I} & 2x_1 + 3x_2 & = 12 & \\ \text{II} & x_1 - x_2 & = 1 & | \cdot (-2) \end{array}$$

$$\begin{array}{lrll} \text{I} & 2x_1 + 3x_2 & = 12 & \\ \text{IIa} & -2x_1 + 2x_2 & = -2 & |\text{I} + \text{IIa} \end{array}$$

$$\begin{array}{lrll} \text{I} & 2x_1 + 3x_2 & = 12 & \\ \text{IIb} & 5x_2 & = 10 & \Rightarrow x_2 = 2 \end{array}$$

Zuletzt setzen wir $x_2 = 2$ in eine der beiden ursprünglichen Zeilen (also I oder II) ein, um x_1 zu berechnen. Wir setzen in II ein und erhalten:

$$\begin{array}{rrll} & x_1 - x_2 & = 1 & \text{mit } x_1 = 3 \\ \Rightarrow & x_1 - 2 & = 1 & | + 2 \\ \Leftrightarrow & x_1 & = 3 & \end{array}$$

2.4 Gauß-Algorithmus

Gegeben sei das Gleichungssystem

$$\begin{array}{lrl} \text{I} & x_1 - x_2 + 2x_3 & = 0 \\ \text{II} & -2x_1 + x_2 - 6x_3 & = 0 \\ \text{III} & x_1 - 2x_3 & = 3 \end{array}$$

Unter dem „Lösen linearer Gleichungssysteme"versteht man die Berechnung von Unbekannten - in diesem Fall von x_1, x_2 und x_3. Da zum Lösen eines Gleichungssystems meist mehrere Schritte notwendig sind, wird es irgendwann lästig, bei jedem Schritt das ganze Gleichungssystem nochmal abzuschreiben. Aus diesem Grund lassen wir die Unbekannten (x_1,x_2,x_3) weg und schreiben nur die Koeffizienten auf.

Statt

$$\begin{array}{lrl} \text{I} & x_1 - x_2 + 2x_3 & = 0 \\ \text{II} & -2x_1 + x_2 - 6x_3 & = 0 \\ \text{III} & x_1 - 2x_3 & = 3 \end{array}$$

schreiben wir

x_1	x_2	x_3	$r.S.$
1	−1	2	0
−2	1	−6	0
1	0	−2	3

Dabei steht „$r.S.$" für die rechte Seite des Gleichungssystems, also der Teil rechts von dem Gleichheitszeichen. Wir erhalten die Koeffizientenschreibweise des LGS.

Ziel des Gauß-Algorithmus ist es, mit Hilfe von zeilenweisen Umformungen (dazu gleich mehr) unter der Hauptdiagonalen Nullen zu erzeugen. Was zunächst sehr abstrakt klingt, ist eigentlich gar nicht so schwierig. Nach einigen Umformungen sieht das Gleichungssystem so aus:

x_1	x_2	x_3	$r.S.$
1	−1	2	0
0	−1	−2	0
0	0	−6	3

Doch was hat uns diese Umformung gebracht? Erst wenn wir wieder unsere Unbekannten einfügen, wird deutlich, was uns diese Nullen bringen.

$$\begin{aligned} x_1 - x_2 + 2x_3 &= 0 \\ -x_2 - 2x_3 &= 0 \\ -6x_3 &= 3 \end{aligned}$$

Ist das Gleichungssystem so umgeformt, dass unter der Hauptdiagonalen nur noch Nullen sind, kann man die Unbekannten ganz leicht berechnen.

Wie komme ich aber auf die Nullen? Um die Nullen zu berechnen, darf man Zeilen

- vertauschen
- mit einer Zahl multiplizieren
- durch eine Zahl dividieren
- addieren
- subtrahieren

Hier die schrittweise Lösung unseres Beispiels: Um in der 3. Zeile und in der 1. Spalte die Null zu erhalten, betrachten wir zunächst unser Ausgangsgleichungssystem.

$$\begin{array}{rrr|l} 1 & -1 & 2 & 0 \\ -2 & 1 & -6 & 0 \\ 1 & 0 & -2 & 3 \end{array}$$

Scharfes Hinsehen verrät, dass wir unsere dritte Zeile von der ersten Zeile abziehen müssen. Ausführlich:

$$\begin{array}{rrr|ll} 1 & 0 & -2 & 3 & \text{3. Zeile} \\ 1 & -1 & 2 & 0 & \text{1. Zeile} \\ \hline 0 & 1 & -4 & 3 & \text{3. Zeile - 1. Zeile} = \text{3. Zeile*} \end{array}$$

Unser Gleichungssystem sieht nach dem ersten Schritt also wie folgt aus:

$$\begin{array}{rrr|ll} 1 & -1 & 2 & 0 & \text{1. Zeile} \\ -2 & 1 & -6 & 0 & \text{2. Zeile} \\ 0 & 1 & -4 & 3 & \text{3. Zeile*} \end{array}$$

Das $*$ zeigt uns, das es sich um eine neue Zeile handelt. Um die Null in der 2. Zeile und 1. Spalte zu erhalten, addieren wir zu der 2. Zeile zweimal die 1. Zeile:

$$\begin{array}{rrr|ll} -2 & 1 & -6 & 0 & \text{2. Zeile} \\ 2 & -2 & 4 & 0 & 2\cdot\text{ 1. Zeile} \\ \hline 0 & -1 & -2 & 0 & \text{2. Zeile} + 2\cdot\text{ 1. Zeile} = \text{2. Zeile*} \end{array}$$

Unser Gleichungssystem sieht nach dem zweiten Schritt also wie folgt aus:

$$\begin{array}{rrr|ll} 1 & -1 & 2 & 0 & \text{1. Zeile} \\ 0 & -1 & -2 & 0 & \text{2. Zeile*} \\ 0 & 1 & -4 & 3 & \text{3. Zeile} \end{array}$$

Um die Null in der 3. Zeile und 2. Spalte zu erhalten, addieren wir zu der 3. Zeile die 2. Zeile und es folgt

$$\begin{array}{rrr|ll} 1 & -1 & 2 & 0 & \text{1. Zeile} \\ & -1 & -2 & 0 & \text{2. Zeile} \\ & & -6 & 3 & \text{3. Zeile*} \end{array}$$

Da die Nullen unter der Hauptdiagonalen berechnet sind, haben wir unser Ziel erreicht. Wie man jetzt die Unbekannten berechnet, wurde bereits oben erklärt.

Merke:

- Reihenfolge bei der Berechnung der Nullen spielt eine wichtige Rolle.
- Zuerst muss man die beiden Nullen in der ersten Spalte berechnen - welche der beiden Nullen man zuerst berechnet, ist jedoch egal. Anschließend berechnet man die verbleibende Null in der zweiten Spalte.
- Falls in der ersten Zeile (der ersten Spalte!) bereits eine Null vorliegt, lohnt es sich die Zeilen entsprechend zu vertauschen, um sich die Berechnung einer Null zu sparen.

Notizen

StudyHelp

3 Geraden

Parameterform einer Geraden

Die Gleichung einer Geraden g durch die Punkte A und B mit den Ortsvektoren $\vec{a}$ und $\vec{b}$ lautet:

$$g : \vec{x} = \vec{a} + t \cdot \vec{u}, \quad t \in \mathbb{R},$$

wobei $\vec{u} = \vec{b} - \vec{a}$ der Richtungsvektor zwischen den Punkten A und B sowie t eine beliebige reelle Zahl, unser Parameter, ist.

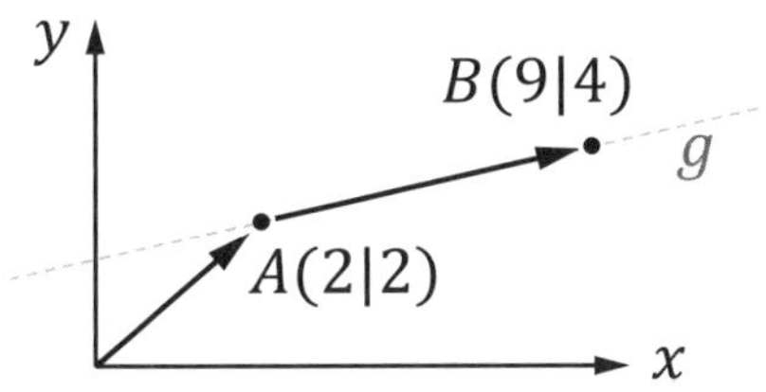

$$g : \vec{x} = \begin{pmatrix} 2 \\ 2 \end{pmatrix} + t \cdot \begin{pmatrix} 7 \\ 2 \end{pmatrix}, \ t \in \mathbb{R}$$

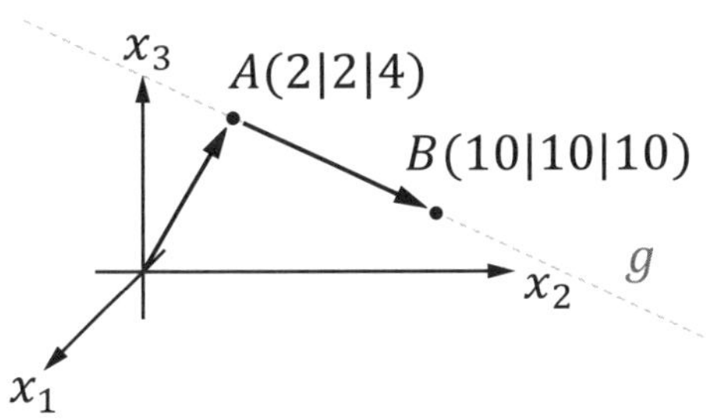

$$g : \vec{x} = \begin{pmatrix} 2 \\ 2 \\ 4 \end{pmatrix} + t \cdot \begin{pmatrix} 8 \\ 8 \\ 6 \end{pmatrix}, \ t \in \mathbb{R}$$

Da diese Gleichung den Parameter t enthält, spricht man von der Parameterform einer Geradengleichung. Durchläuft t alle reellen Zahlen, erhält man jeden Punkt der Geraden g (gestrichelte Linie). Der Vektor $\vec{a}$ heißt Ortsvektor (auch Stützvektor oder Pin), der Vektor $\vec{u}$ heißt Richtungsvektor.

3.1 Punktprobe Gerade

Eine Punktprobe wird durchgeführt, indem man die Koordinaten des Punktes in die Gleichung der Geraden einsetzt. Erfüllt der Punkt die Gleichung, d.h. entsteht eine wahre Aussage, so liegt der Punkt auf der Geraden. Entsteht eine falsche Aussage, so liegt der Punkt nicht auf der Geraden.

Somit ist es möglich, am Ende einer Rechnung zu überprüfen, ob zum Beispiel ein berechneter Schnittpunkt zweier Geraden tatsächlich auf beiden Geraden liegt.

Beispiel

Liegt der Punkt $Q(8|3|5)$ auf der Geraden h mit der Parametergleichung

$$h: \vec{x} = \begin{pmatrix} 2 \\ 0 \\ 4 \end{pmatrix} + t \cdot \begin{pmatrix} 3 \\ -1 \\ 2 \end{pmatrix}, t \in \mathbb{R}?$$

Für den Vektor $\vec{x}$ setzt man den Ortsvektor zu Punkt Q ein und löst zeilenweise nach dem Parameter t auf.

$$\begin{pmatrix} 8 \\ 3 \\ 5 \end{pmatrix} = \begin{pmatrix} 2 \\ 0 \\ 4 \end{pmatrix} + t \cdot \begin{pmatrix} 3 \\ -1 \\ 2 \end{pmatrix} \Rightarrow \begin{array}{rcrcr} 8 & = & 2 & + & 3t \\ 3 & = & 0 & - & t \\ 5 & = & 4 & + & 2t \end{array} \Leftrightarrow \begin{array}{rcr} t & = & 2 \\ t & = & -3 \\ t & = & 0,5 \end{array}$$

Da sich in der ersten Zeile $t = 2$ ergibt, gleichzeitig die zweite Zeile aber $t = -3$ liefert, gibt es einen Widerspruch. Somit liegt der Punkt Q nicht auf der Geraden h. Wenn wir für alle t's den gleichen Wert rausbekommen hätten, wäre das eine wahre Aussage und der Punkt würde auf der Geraden liegen.

3.2 Spurpunkte von Gerade in Koordinatenebene

Unter einem Spurpunkt versteht man den Schnittpunkt einer Geraden mit einer Koordinatenebene. Da es im dreidimensionalen Raum drei Koordinatenebenen gibt (E_{23}, E_{13} und E_{12}), lassen sich drei Spurpunkte berechnen:

- S_1 ist der Schnittpunkt von Gerade und x_2x_3-Ebene
- S_2 ist der Schnittpunkt von Gerade und x_1x_3-Ebene
- S_3 ist der Schnittpunkt von Gerade und x_1x_2-Ebene

Vorgehensweise zur Berechnung der Spurpunkte S_i für $i = 1, 2, 3$:

1. i-te Koordinate der Geradengleichung gleich Null setzen und den dazugehörigen Parameter t berechnen
2. t in die Geradengleichung einsetzen, um die Koordinaten des Spurpunktes zu erhalten

Beispiel Gegeben sei die Gerade

$$g: \vec{x} = \begin{pmatrix} 1 \\ -4 \\ 4 \end{pmatrix} + t \cdot \begin{pmatrix} 1 \\ 2 \\ -1 \end{pmatrix}.$$

Berechne den Spurpunkt S_1 der Geraden mit der x_2x_3-Ebene.

Hierfür arbeiten wir die Punkte der obigen Vorgehensweise ab. Als erstes $x_1 = 0$ in die erste Zeile der Geradengleichung einsetzen, um t zu berechnen.

$$0 = 1 + t \cdot 1 \quad \Rightarrow \quad t = -1$$

Dann muss t in die Geradengleichung eingesetzt werden, um den Spurpunkt zu berechnen.

$$S_1 = \begin{pmatrix} 1 \\ -4 \\ 4 \end{pmatrix} + (-1) \cdot \begin{pmatrix} 1 \\ 2 \\ -1 \end{pmatrix} = \begin{pmatrix} 0 \\ -6 \\ 5 \end{pmatrix}.$$

Der Spurpunkt mit der x_2x_3-Ebene hat demnach die Koordinaten $S_1 = (0|-6|5)$.

Merke: Es muss nicht zwangsläufig drei Spurpunkte geben. Wenn z.B. eine Gerade parallel zu einer Ebene ist, wird diese von der Geraden nicht geschnitten.

3.3 Geschwindigkeitsaufgaben

Beispiel Wir betrachten ein dreidimensionales Koordinatensystem, wobei die Koordinatenachsen die Richtungen Ost, Nord und senkrecht nach oben darstellen. Es gilt

$$\begin{pmatrix} x_1 \\ x_2 \\ x_3 \end{pmatrix} = \begin{pmatrix} \text{Ost} \\ \text{Nord} \\ \text{Oben} \end{pmatrix}.$$

Die Längeneinheit in allen drei Richtungen beträgt 1 km. Gegeben sind vier Punkte im Raum:

$$A(5|9|8), \; B(5|1|8), \; C(13|33|10), \; D(19|27|9).$$

Die Geraden

$$g : \vec{x} = \vec{a} + t \cdot (\vec{b} - \vec{a}), \; t \in \mathbb{R}$$
$$h : \vec{x} = \vec{c} + t \cdot (\vec{d} - \vec{c}), \; t \in \mathbb{R}$$

beschreiben kurzzeitig die Bahnen zweier Flugzeuge. **Wichtig**: Bei Geschwindigkeitsaufgaben muss beachtet werden, dass der Parameter (hier t) für die Zeit benutzt wird und bei beiden Gleichungen gleich ist.

Um 8.00 Uhr befand sich das erste Flugzeug im Punkt A und das zweite Flugzeug im Punkt C und beide flogen danach noch mindestens 4 Minuten mit konstanter Geschwindigkeit weiter. Der Parameter t beschreibt also die Zeit in Minuten und beginnt bei $t = 0$ mit 8:00 Uhr.

Bestimme die Geschwindigkeit der beiden Flugzeuge in der Zeit zwischen 8:00 und 8:04 Uhr. Die Flugzeuge haben in den ersten 4 Minuten eine konstante Geschwindigkeit. Also kann man auch die Geschwindigkeit in der ersten Minute berechnen.

Das erste Flugzeug fliegt in einer Minute von $A(t = 0)$ nach $B(t = 1)$. Ebenso fliegt das zweite Flugzeug in einer Minute von $C(t = 0)$ nach $D(t = 1)$. Darum berechnen wir einerseits den Abstand von A nach B und andererseits den Abstand von C nach D. Der Abstand kann mit dem Betrag des Richtungsvektors bestimmt werden.

$$|\overrightarrow{AB}| = \sqrt{(\vec{b} - \vec{a})^2} = \sqrt{0^2 + (-8)^2 + 0^2} = 8$$
$$|\overrightarrow{CD}| = \sqrt{(\vec{d} - \vec{c})^2} = \sqrt{6^2 + 6^2 + 1^2} = 8,54$$

Aufpassen: Der Richtungsvektor beschreibt die zurückgelegte Strecke in einer Zeiteinheit. Zudem muss an die Umrechnung der Einheiten gedacht werden. Geschwindigkeiten werden normalerweise in [km/h] angegeben. Wir haben die Geschwindigkeit in [km/min] ausgerechnet. Wie viele „Stunden“ sind eine Minute? Genau, wir ersetzen also [min] durch [1/60 h] und erhalten die Geschwindigkeiten:

$$v_1 = 8 \text{ [km/min]} = 480 \text{ [km/h]}$$
$$v_2 = 8,54 \text{ [km/min]} = 512 \text{ [km/h]}.$$

4 Ebenen

4.1 Parameterdarstellung einer Ebene

Die allgemeine Gleichung einer Ebene E mit dem Stützvektor (auch Ortsvektor/Pin) $\vec{p}$ und den Richtungsvektoren (auch Spannvektoren) $\vec{u}$ und $\vec{v}$ lautet:

$$E : \vec{x} = \vec{p} + r \cdot \vec{u} + s \cdot \vec{v} \quad \text{mit } r, s \in \mathbb{R}$$

Für ein konkretes Beispiel sieht das wie folgt aus: Gegeben sind die Punkte A, B und C und wir stellen eine Ebene auf. Zunächst suchen wir uns einen Ortsvektor aus - hier sei es A! Für die Spannvektoren bilden wir $\overrightarrow{AB}$ und $\overrightarrow{AC}$ und schon haben wir die Parameterdarstellung der gesuchten Ebene.

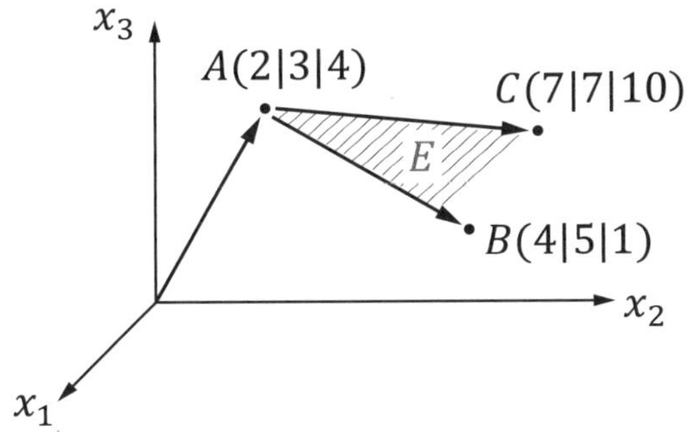

$$E : \vec{x} = \underbrace{\begin{pmatrix} 2 \\ 3 \\ 4 \end{pmatrix}}_{\overrightarrow{0A}=\vec{a}} + r \cdot \underbrace{\begin{pmatrix} 2 \\ 2 \\ -3 \end{pmatrix}}_{\overrightarrow{AB}} + s \cdot \underbrace{\begin{pmatrix} 5 \\ 4 \\ 6 \end{pmatrix}}_{\overrightarrow{AC}}$$

Wichtig: Die Richtungsvektoren der Ebene dürfen keine Vielfache voneinander sein, denn dann wäre es nur eine Gerade und keine Ebene!

4.2 Ebenengleichung aufstellen

3 Punkte

Vor.: nicht auf einer Gerade

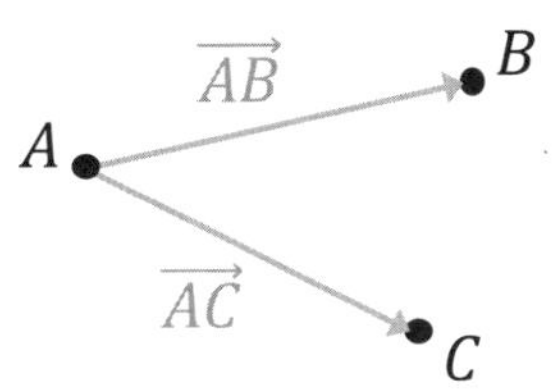

Gegeben: A, B, C

$$\boxed{E\colon \vec{x} = \vec{a} + r \cdot \overrightarrow{AB} + t \cdot \overrightarrow{AC}}$$

Beispiel:

$A(2|1|3), B(4|4|4), C(1|0|-1)$

$$E\colon \vec{x} = \underbrace{\begin{pmatrix} 2 \\ 1 \\ 3 \end{pmatrix}}_{\vec{a} = \overrightarrow{0A}} + r \cdot \underbrace{\begin{pmatrix} 2 \\ 3 \\ 1 \end{pmatrix}}_{\overrightarrow{AB}} + s \cdot \underbrace{\begin{pmatrix} -1 \\ -1 \\ -4 \end{pmatrix}}_{\overrightarrow{AC}}$$

Gerade - Punkt

Vor.: Punkt nicht auf Gerade

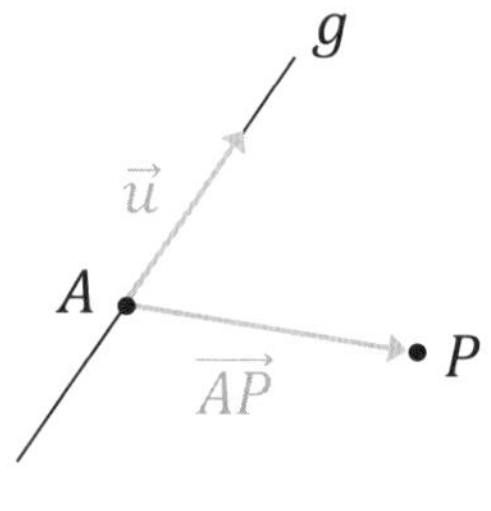

Gegeben:

$g: \vec{x} = \vec{a} + r \cdot \vec{u}$ und P

$$\boxed{E: \vec{x} = \vec{a} + r \cdot \vec{u} + t \cdot \overrightarrow{AP}}$$

Beispiel:

$$g: \vec{x} = \begin{pmatrix} 3 \\ 2 \\ 2 \end{pmatrix} + r \cdot \begin{pmatrix} 5 \\ 1 \\ 2 \end{pmatrix} \text{ und } P(2|2|1)$$

$$E: \vec{x} = \underbrace{\begin{pmatrix} 3 \\ 2 \\ 2 \end{pmatrix} + r \cdot \begin{pmatrix} 5 \\ 1 \\ 2 \end{pmatrix}}_{g} + t \cdot \underbrace{\begin{pmatrix} -1 \\ 0 \\ -1 \end{pmatrix}}_{\overrightarrow{AP}}$$

Gerade - Gerade

Geraden sind parallel

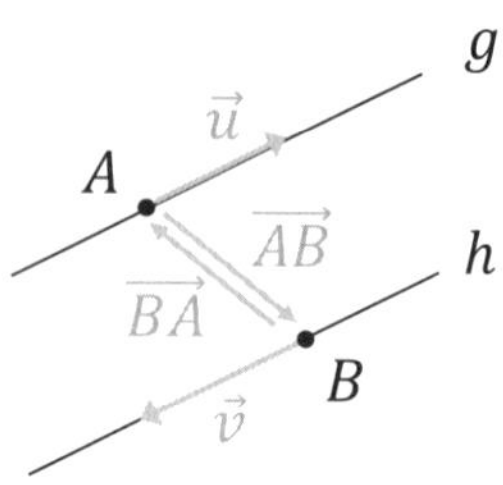

Gegeben:

$g: \vec{x} = \vec{a} + r \cdot \vec{u}$ und $h: \vec{x} = \vec{b} + t \cdot \vec{v}$

$$\boxed{E: \vec{x} = \vec{a} + r \cdot \vec{u} + t \cdot \overrightarrow{AB}}$$

oder $\boxed{E: \vec{x} = \vec{b} + r \cdot \vec{v} + t \cdot \overrightarrow{BA}}$

Beispiel:

$$g: \vec{x} = \begin{pmatrix} 3 \\ 2 \\ 2 \end{pmatrix} + r \cdot \begin{pmatrix} 3 \\ -1 \\ 2 \end{pmatrix} \quad h: \vec{x} = \begin{pmatrix} 0 \\ 1 \\ 3 \end{pmatrix} + t \cdot \begin{pmatrix} -6 \\ 2 \\ -4 \end{pmatrix}$$

$$E: \vec{x} = \underbrace{\begin{pmatrix} 3 \\ 2 \\ 2 \end{pmatrix} + r \cdot \begin{pmatrix} 3 \\ -1 \\ 2 \end{pmatrix}}_{g} + t \cdot \underbrace{\begin{pmatrix} -9 \\ 3 \\ -6 \end{pmatrix}}_{\overrightarrow{AB}}$$

oder $E: \vec{x} = \underbrace{\begin{pmatrix} 0 \\ 1 \\ 3 \end{pmatrix} + t \cdot \begin{pmatrix} -6 \\ 2 \\ -4 \end{pmatrix}}_{h} + r \cdot \underbrace{\begin{pmatrix} 9 \\ -3 \\ 6 \end{pmatrix}}_{\overrightarrow{BA}}$

Gerade - Gerade

Geraden schneiden sich

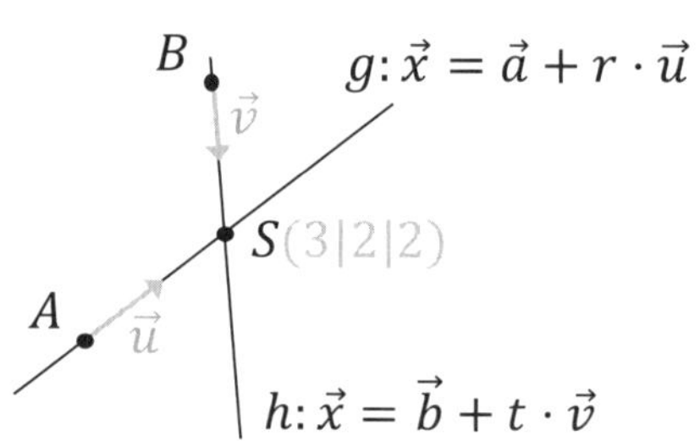

$$\boxed{E: \vec{x} = \vec{s} + r \cdot \vec{u} + t \cdot \vec{v}}$$

oder $\boxed{E: \vec{x} = \vec{a} + r \cdot \vec{u} + t \cdot \vec{v}}$

oder $\boxed{E: \vec{x} = \vec{b} + t \cdot \vec{v} + r \cdot \vec{u}}$

Beispiel:

$$g: \vec{x} = \begin{pmatrix} -3 \\ -4 \\ -1 \end{pmatrix} + r \cdot \begin{pmatrix} 2 \\ 2 \\ 1 \end{pmatrix} \quad h: \vec{x} = \begin{pmatrix} 4 \\ 3 \\ 1 \end{pmatrix} + t \cdot \begin{pmatrix} -1 \\ -1 \\ 1 \end{pmatrix}$$

$$E: \vec{x} = \underbrace{\begin{pmatrix} 3 \\ 2 \\ 2 \end{pmatrix}}_{\vec{s}} + r \cdot \underbrace{\begin{pmatrix} 2 \\ 2 \\ 1 \end{pmatrix}}_{\vec{u}} + t \cdot \underbrace{\begin{pmatrix} -1 \\ -1 \\ 1 \end{pmatrix}}_{\vec{v}}$$

oder

$E: \vec{x} = g + t \cdot \begin{pmatrix} -1 \\ -1 \\ 1 \end{pmatrix}$ oder $E: \vec{x} = h + r \cdot \begin{pmatrix} 2 \\ 2 \\ 1 \end{pmatrix}$

4.3 Normalenvektor einer Ebene

Der Normalenvektor $\vec{n} = (n_1\ n_2\ n_3)^T$ verläuft immer senkrecht (orthogonal) zur Ebene. Also senkrecht sowohl zum einen Richtungsvektor als auch zum anderen Richtungsvektor!

Anhand der Ebene E zeigen wir euch zwei Möglichkeiten, wie man den Normalenvektor bestimmen kann.

$$E : \vec{x} = \begin{pmatrix} 2 \\ 1 \\ 3 \end{pmatrix} + r \cdot \begin{pmatrix} 1 \\ 2 \\ 1 \end{pmatrix} + s \cdot \begin{pmatrix} 2 \\ 2 \\ -1 \end{pmatrix}$$

Möglichkeit 1: **Skalarprodukt**

$$\text{I} \quad \begin{pmatrix} n_1 \\ n_2 \\ n_3 \end{pmatrix} \bullet \begin{pmatrix} 1 \\ 2 \\ 1 \end{pmatrix} = 0$$

$$\text{II} \quad \begin{pmatrix} n_1 \\ n_2 \\ n_3 \end{pmatrix} \bullet \begin{pmatrix} 2 \\ 2 \\ -1 \end{pmatrix} = 0$$

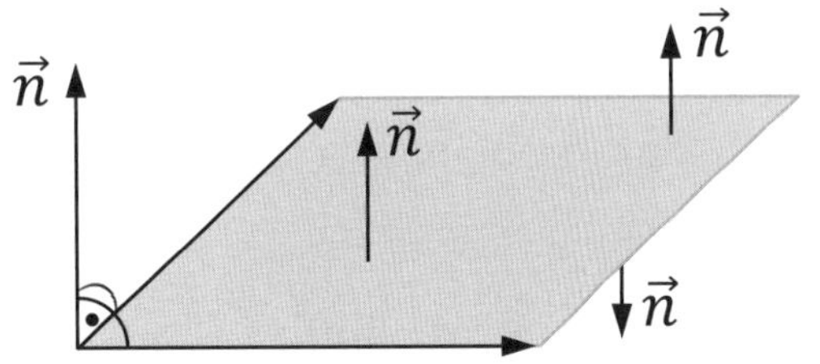

Wir erhalten ein lineares Gleichungssystem mit 2 Gleichungen und 3 Unbekannten. Da mehr Unbekannte vorliegen als Gleichungen ist das LGS nicht eindeutig lösbar!

$$\begin{aligned} \text{I} \quad & 1n_1 + 2n_2 + 1n_3 = 0 \\ \text{II} \quad & 2n_1 + 2n_2 - 1n_3 = 0 \end{aligned}$$

Es gibt hier zwei Berechnungsmöglichkeiten - per Hand oder per Taschenrechner. Wollt ihr das Gleichungssystem per Hand lösen, würde es sich in diesem Fall anbieten Gl. I und II zu addieren, damit n_3 wegfällt. Wir erhalten mit

$$\begin{aligned} & 3n_1 + 4n_2 &= 0 \quad & | - 4n_2 \\ \Leftrightarrow \quad & 3n_1 &= -4n_2 \quad & | : (-4) \\ \Leftrightarrow \quad & -\frac{3}{4}n_1 &= n_2 & \end{aligned}$$

den allgemeinen Normalenvektor in Abhängigkeit von n_1: $\vec{n} = (n_1\ \ -3/4n_1\ \ 1/2n_1)^T$. Für einen speziellen Normalenvektor wählen wir für n_1 eine beliebige Zahl aus. Die wählen wir so, dass insgesamt schöne Zahlen raus kommen. Wenn $n_1 = 4$ ist, dann folgt für $n_2 = -3$ und für $n_3 = 2$. Daraus folgt für den speziellen Normalenvektor $\vec{n} = (4\ \ -3\ \ 2)^T$.

Möglichkeit 2: **Kreuzprodukt** (einfacher)

$$\begin{pmatrix}1\\2\\1\end{pmatrix} \times \begin{pmatrix}2\\2\\-1\end{pmatrix} = \begin{pmatrix}2\cdot(-1) & - & 1\cdot 2\\ 1\cdot 2 & - & 1\cdot(-1)\\ 1\cdot 2 & - & 2\cdot 2\end{pmatrix} = \begin{pmatrix}-4\\3\\-2\end{pmatrix} = \vec{n}$$

Merke: Sucht man den Normalenvektor, so erhält man immer unendlich viele Lösungen, weil der Normalenvektor, egal welche Länge er hat, immer noch senkrecht zu den beiden Richtungsvektoren steht. Die verschiedenen Lösungen für $\vec{n}$ kommen also von den verschiedenen Richtungen und Längen von $\vec{n}$. Der Normalenvektor $\vec{n}$ mit Länge 1 heißt normierter Normalenvektor und wird meistens mit $\vec{n}_0$ bezeichnet.

Möglichkeit 3: **Ablesen an Koordinatenform**

Wenn die Ebenengleichung in Koordinatenform vorliegt, habt ihr die Möglichkeit, den Normalenvektor direkt abzulesen. Die Koordinaten des Normalenvektors sind die Zahlen vor x_1, x_2 und x_3. Wenn in der Ebenengleichung z.B. kein x_3 vorkommt, ist dieser Eintrag beim Normalenvektor eine Null.

Allgemein: $E\colon\ n_1x_1 + n_2x_2 + n_3x_3 = d \quad \Rightarrow \vec{n} = \begin{pmatrix}n_1\\n_2\\n_3\end{pmatrix}$

a) $E\colon\ \mathbf{2}x_1 - \mathbf{1}x_2 + \mathbf{3}x_3 = 8 \quad \Rightarrow \vec{n} = \begin{pmatrix}2\\-1\\3\end{pmatrix}$

$n_1 = 2 \qquad n_2 = -1 \qquad n_3 = 3$

b) $E\colon\ \mathbf{4}x_1 - \mathbf{2}x_2 = 16 \quad \Rightarrow \vec{n} = \begin{pmatrix}4\\-2\\0\end{pmatrix}$

c) $E\colon\ \mathbf{5}x_1 - \mathbf{1{,}5}x_3 = 1 \quad \Rightarrow \vec{n} = \begin{pmatrix}5\\0\\-1{,}5\end{pmatrix}$

4.4 Umwandeln von Ebenengleichungen

Die folgende Abbildung gibt einen Überblick über das Umwandeln von Ebenengleichungen. Für jede Umwandlung werden wir gemäß der Nummerierung 1-8 ein Beispiel zeigen, damit keine Fragen mehr offen bleiben. Wozu müssen wir das können? Entweder weil das in der Aufgabe gefordert wird, oder weil eine andere Form der Ebene eine bestimmte Rechnung vereinfacht.

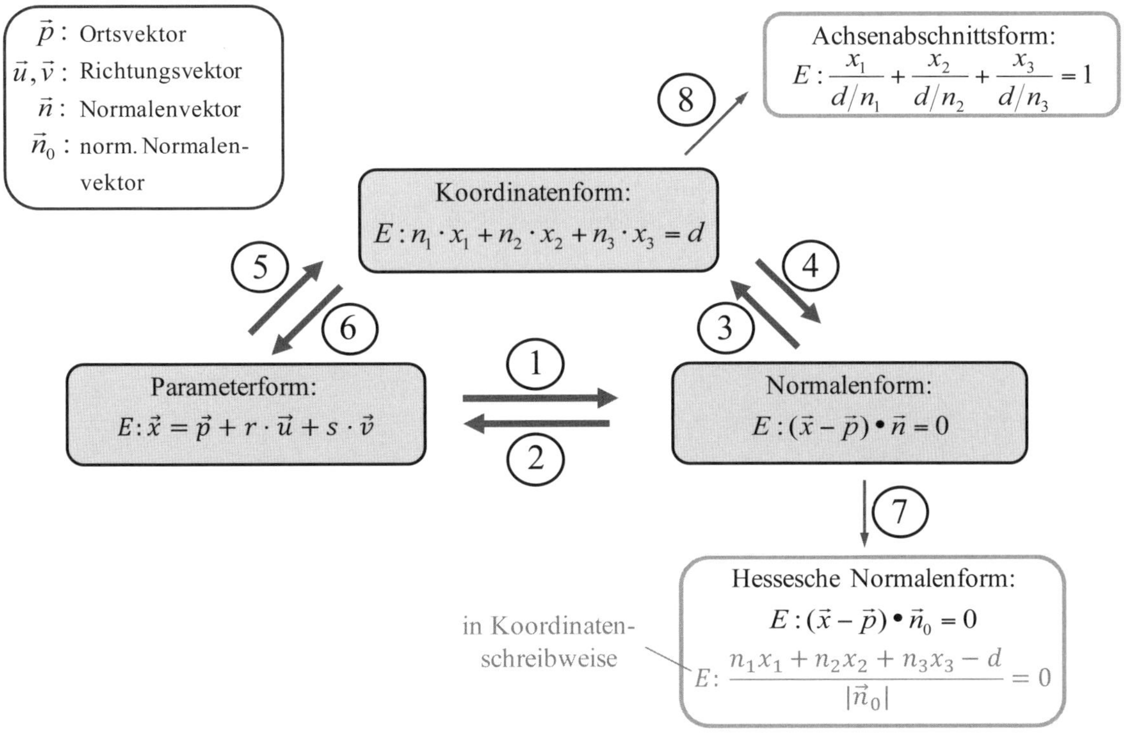

Beispiel zu (1):

Gegeben sei die Ebene in Parameterform

$$E : \vec{x} = \begin{pmatrix} 2 \\ 1 \\ 1 \end{pmatrix} + r \cdot \begin{pmatrix} 1 \\ -1 \\ 7 \end{pmatrix} + s \cdot \begin{pmatrix} 3 \\ -1 \\ 6 \end{pmatrix} \qquad r, s \in \mathbb{R},$$

welche wir in Normalenform umwandeln möchten. Vorgehensweise:

1. Normalenvektor $\vec{n}$ berechnen (= Kreuzprodukt der Richtungsvektoren)

$$\vec{n} = \begin{pmatrix} 1 \\ -1 \\ 7 \end{pmatrix} \times \begin{pmatrix} 3 \\ -1 \\ 6 \end{pmatrix} = \begin{pmatrix} 1 \\ 15 \\ 2 \end{pmatrix}$$

2. Ortsvektor $\vec{p} = (2\ 1\ 1)^T$ von Parameterform übernehmen

3. $\vec{n}$ und $\vec{p}$ in Normalenform einsetzen

$$E: \left(\vec{x} - \begin{pmatrix}2\\1\\1\end{pmatrix}\right) \bullet \begin{pmatrix}1\\15\\2\end{pmatrix} = 0$$

Beispiel zu ②:

Gegeben sei die Ebene in Normalenform

$$E: \left(\vec{x} - \begin{pmatrix}2\\1\\1\end{pmatrix}\right) \bullet \begin{pmatrix}1\\15\\2\end{pmatrix} = 0,$$

welche wir in Parameterform umwandeln möchten. Vorgehensweise:

1. Ortsvektor $\vec{p} = (2\ 1\ 1)^T$ von Normalenform übernehmen:

$$E: \vec{x} = \begin{pmatrix}2\\1\\1\end{pmatrix} + r \cdot \vec{u} + s \cdot \vec{v}$$

2. Suche nach zwei Richtungsvektoren $\vec{u}$ und $\vec{v}$, die senkrecht zum Normalenvektor $\vec{n} = (n_1\ n_2\ n_3)^T$ stehen. Es muss also gelten: $\vec{n} \bullet \vec{u} = 0$ und $\vec{n} \bullet \vec{v} = 0$. Wähle

$$\vec{u} = \begin{pmatrix}0\\-n_3\\n_2\end{pmatrix} \quad \text{und} \quad \vec{v} = \begin{pmatrix}n_2\\-n_1\\0\end{pmatrix}$$

In unserem Beispiel:

$$\vec{u} = \begin{pmatrix}0\\-2\\15\end{pmatrix} \quad \text{und} \quad \vec{v} = \begin{pmatrix}15\\-1\\0\end{pmatrix}$$

Zur Kontrolle:

$$\vec{n} \bullet \vec{u} = \begin{pmatrix}1\\15\\2\end{pmatrix} \bullet \begin{pmatrix}0\\-2\\15\end{pmatrix} = 1 \cdot 0 + 15 \cdot (-2) + 2 \cdot 15 = 0 \quad \checkmark$$

$$\vec{n} \bullet \vec{v} = \begin{pmatrix}1\\15\\2\end{pmatrix} \bullet \begin{pmatrix}15\\-1\\0\end{pmatrix} = 1 \cdot 15 + 15 \cdot (-1) + 2 \cdot 0 = 0 \quad \checkmark$$

3. Daraus folgt unsere Ebene in Parameterform

$$E: \vec{x} = \begin{pmatrix}2\\1\\1\end{pmatrix} + r \cdot \begin{pmatrix}0\\-2\\15\end{pmatrix} + s \cdot \begin{pmatrix}15\\-1\\0\end{pmatrix}.$$

Beispiel zu ③:

Gegeben sei die Ebene in Normalenform

$$E: \left(\vec{x} - \begin{pmatrix} 2 \\ 1 \\ 1 \end{pmatrix}\right) \bullet \begin{pmatrix} 1 \\ 15 \\ 2 \end{pmatrix} = 0,$$

welche wir in Koordinatenform umwandeln möchten. Vorgehensweise: Ausmultiplizieren (Distributivgesetz), um auf den Ansatz $\vec{x} \bullet \vec{p} = \vec{n} \bullet \vec{p}$ zu kommen.

$$\begin{aligned} & \begin{pmatrix} x_1 \\ x_2 \\ x_3 \end{pmatrix} \bullet \begin{pmatrix} 1 \\ 15 \\ 2 \end{pmatrix} - \begin{pmatrix} 2 \\ 1 \\ 1 \end{pmatrix} \bullet \begin{pmatrix} 1 \\ 15 \\ 2 \end{pmatrix} &&= 0 \\ \Leftrightarrow \quad & \begin{pmatrix} x_1 \\ x_2 \\ x_3 \end{pmatrix} \bullet \begin{pmatrix} 1 \\ 15 \\ 2 \end{pmatrix} &&= \begin{pmatrix} 2 \\ 1 \\ 1 \end{pmatrix} \bullet \begin{pmatrix} 1 \\ 15 \\ 2 \end{pmatrix} \\ \Leftrightarrow \quad & 1 \cdot x_1 + 15 \cdot x_2 + 2 \cdot x_3 &&= 2 \cdot 1 + 1 \cdot 15 + 1 \cdot 2 \\ \Leftrightarrow \quad & 1 \cdot x_1 + 15 \cdot x_2 + 2 \cdot x_3 &&= 19 \end{aligned}$$

Beispiel zu ④:

Gegeben sei die Ebene in Koordinatenform

$$1 \cdot x_1 + 15 \cdot x_2 + 2 \cdot x_3 = 19,$$

welche wir in Normalenform umwandeln möchten. Vorgehensweise:

1. Normalenvektor anhand der Vorfaktoren ablesen: $\vec{n} = (1\ 15\ 2)^T$
2. Ortsvektor $\vec{p}$ finden. Dafür wählen wir zwei Variablen frei ($x_2 = x_3 = 0$) und bestimmen die Übrige x_1:

$$\begin{aligned} \Rightarrow \quad x_1 + 15 \cdot 0 + 2 \cdot 0 &= 19 \\ x_1 &= 19 \end{aligned}$$

3. Normalenform aufstellen:

$$E: \left(\vec{x} - \begin{pmatrix} 19 \\ 0 \\ 0 \end{pmatrix}\right) \bullet \begin{pmatrix} 1 \\ 15 \\ 2 \end{pmatrix} = 0$$

Beispiel zu (5):

Gegeben sei die Ebene in Parameterform

$$E : \vec{x} = \begin{pmatrix} 2 \\ 1 \\ 1 \end{pmatrix} + r \cdot \begin{pmatrix} 1 \\ -1 \\ 7 \end{pmatrix} + s \cdot \begin{pmatrix} 3 \\ -1 \\ 6 \end{pmatrix} \qquad r, s \in \mathbb{R},$$

welche wir in Koordinatenform umwandeln möchten.

Möglichkeit 1: LGS aus Parameterform aufstellen und r, s eliminieren.

$$\begin{array}{lcccccc} \text{I} \;\; x_1 & = & 2 & + & r & + & 3s \\ \text{II} \;\; x_2 & = & 1 & - & r & - & s \\ \text{III} \;\; x_3 & = & 1 & + & 7r & + & 6s \end{array} \quad \xrightarrow[\text{III+7II}]{\text{II+I}} \quad \begin{array}{lccccc} \text{IV} \;\; x_1 & + & x_2 & = & 3 & + & 2s \\ \text{V} \;\; 7x_2 & + & x_3 & = & 8 & - & s \end{array}$$

Aus 2V + IV folgt dann die gesuchte Koordinatenform:

$$x_1 + 15x_2 + 2x_3 = 19$$

Möglichkeit 2: Umweg über Normalenform. Ansatz:

$$(\vec{x} - \vec{p}) \bullet \vec{n} = 0 \quad \Leftrightarrow \quad \vec{x} \bullet \vec{n} = \vec{p} \bullet \vec{n}$$

mit $\vec{n} = \vec{u} \times \vec{v} = (1\ 15\ 2)^T$ folgt für die Koordinatenform

$$\begin{pmatrix} x_1 \\ x_2 \\ x_3 \end{pmatrix} \bullet \begin{pmatrix} 1 \\ 15 \\ 2 \end{pmatrix} = \begin{pmatrix} 2 \\ 1 \\ 1 \end{pmatrix} \bullet \begin{pmatrix} 1 \\ 15 \\ 2 \end{pmatrix} \quad \Rightarrow \quad x_1 + 15x_2 + 2x_3 = 19$$

Beispiel zu (6):

Gegeben ist die Ebene in Koordinatenform mit

$$2x_1 + 4x_2 + 3x_3 = 12,$$

welche wir in Paramaterform umwandeln möchten.

Möglichkeit 1: Spurpunkte bzw. Achsenabschnittsform. Aus

$$2x_1 + 4x_2 + 3x_3 = 12 \quad \xrightarrow[\text{auf AF bringen}]{:12} \quad \frac{x_1}{6} + \frac{x_2}{3} + \frac{x_3}{4} = 1$$

können die Spurpunkte $S_1(6|0|0)$, $S_2(0|3|0)$ und $S_3(0|0|4)$ abgelesen werden. Die Vokabel: *Ebene aus drei Punkten aufstellen* bringt die gesuchte Parameterform

$$E: \; \vec{x} = \underbrace{\begin{pmatrix} 6 \\ 0 \\ 0 \end{pmatrix}}_{\overrightarrow{0S_1}} + r \cdot \underbrace{\begin{pmatrix} -6 \\ 3 \\ 0 \end{pmatrix}}_{\overrightarrow{S_1S_2}} + s \cdot \underbrace{\begin{pmatrix} -6 \\ 0 \\ 4 \end{pmatrix}}_{\overrightarrow{S_1S_3}} \qquad r, s \in \mathbb{R}.$$

Möglichkeit 2: Zwei Koordinaten durch Parameter r und s ersetzen.

$$\begin{array}{lll} \text{Sei } x_1 & = & r \\ \text{und } x_2 & = & s \end{array} \quad \xrightarrow[\text{form einsetzen}]{\text{in Koordinaten-}} \quad 2r + 4s + 3x_3 = 12$$

Wenn wir die Gleichung nach x_3 umstellen erhalten wir

$$x_3 = 4 - \frac{2}{3}r - \frac{4}{3}s$$

und damit die gesuchte Parametergleichung

$$E: \vec{x} = \begin{pmatrix} r \\ s \\ 4 - \frac{2}{3}r - \frac{4}{3}s \end{pmatrix} = \begin{pmatrix} 0 \\ 0 \\ 4 \end{pmatrix} + r \cdot \begin{pmatrix} 1 \\ 0 \\ -2/3 \end{pmatrix} + s \cdot \begin{pmatrix} 0 \\ 1 \\ -4/3 \end{pmatrix} \qquad r, s \in \mathbb{R}.$$

Beispiel zu (7):

Gegeben sei die Ebene in Normalenform

$$E: \left(\vec{x} - \begin{pmatrix} 0 \\ 1 \\ 1 \end{pmatrix} \right) \bullet \begin{pmatrix} 2 \\ 1 \\ -2 \end{pmatrix} = 0,$$

welche wir in die Hessesche Normalenform umwandeln möchten. Vorgehensweise:

1. Länge des Normalenvektors $\vec{n}$ ausrechnen
$$|\vec{n}| = \sqrt{n_1^2 + n_2^2 + n_3^2} = \sqrt{2^2 + 1^2 + (-2)^2} = \sqrt{9} = 3$$
2. Normierten Normalenvektor $\vec{n}_0$ mit der Formel $\vec{n}_0 = \vec{n}/|\vec{n}|$ bestimmen:
$$\vec{n}_0 = \frac{\vec{n}}{|\vec{n}|} = \begin{pmatrix} 2/3 \\ 1/3 \\ -2/3 \end{pmatrix}$$
3. In Hessesche Normalenform einsetzen:
$$E: \left(\vec{x} - \begin{pmatrix} 0 \\ 1 \\ 1 \end{pmatrix} \right) \bullet \begin{pmatrix} 2/3 \\ 1/3 \\ -2/3 \end{pmatrix} = 0$$

Beispiel zu (8):

Gegeben sei die Ebene in Koordinatenform

$$1 \cdot x_1 + 15 \cdot x_2 + 2 \cdot x_3 = 19,$$

welche wir in die Achsenabschnittsform umwandeln möchten. Dafür muss auf der rechten Seite des Gleichheitszeichens eine 1 stehen.

$$\begin{array}{rll} & 1 \cdot x_1 + 15 \cdot x_2 + 2 \cdot x_3 & = 19 \quad | : 19 \\ \Leftrightarrow & \dfrac{x_1}{\frac{19}{1}} + \dfrac{x_2}{\frac{19}{15}} + \dfrac{x_3}{\frac{19}{2}} & = 1 \end{array}$$

4.5 Punktprobe Ebene

Beispiel mit Parameterform

Liegt der Punkt $P(1|2|4)$ in der Ebene mit der Parameterform

$$E: \vec{x} = \begin{pmatrix} 1 \\ 1 \\ 1 \end{pmatrix} + r \cdot \begin{pmatrix} 2 \\ 1 \\ 4 \end{pmatrix} + s \cdot \begin{pmatrix} 3 \\ 1 \\ 5 \end{pmatrix}?$$

Hierfür müssen die Koordinaten der einzelnen Komponenten von $\vec{x}$ durch die Koordinaten des Punktes P ersetzt werden. Man erhält ein LGS mit 3 Gleichungen, welches nach r und s aufgelöst werden muss. Zur Bestimmung von 2 Unbekannten benötigt man aber nur 2 Gleichungen. Die dritte Gleichung dient somit der Kontrolle und muss wahr sein, wenn der Punkt in der Ebene liegt.

$$\begin{array}{rrcrcrcr} \text{I} & 1 & = & 1 & + & 2r & + & 3s \\ \text{II} & 2 & = & 1 & + & r & + & s \\ \text{III} & 4 & = & 1 & + & 4r & + & 5s \end{array} \quad \Rightarrow s = -2 \text{ und } r = 3 \text{ in III: } 4 \neq 3$$

Wir haben I$-2\cdot$II gerechnet und für $s = -2$ erhalten. Anschließend s in Gleichung II eingesetzt und $r = 3$ berechnet. Zur Probe haben wir dann Gleichung III genommen und eine falsche Aussage $4 \neq 3$ herausbekommen. Daher liegt der Punkt P nicht in der Ebene E.

Beispiel mit Koordinatenform

Liegt der Punkt $R(2|1|11)$ auf der Ebene mit der Koordinatengleichung
$E:\ 3x_1 + 7x_2 - x_3 = 2$?

Für x_1, x_2 und x_3 setzt man die Koordinaten des Punktes R ein. $3 \cdot 2 + 7 \cdot 1 - 11 = 2$. Das ist eine wahre Aussage und somit liegt der Punkt R auf der Ebene.

4.6 Spurpunkte mit Koordinatenachsen

Ebene liegt in Koordinatenform vor

Spurpunkte einer Ebene sind die Schnittpunkte mit den Koordinatenachsen und die Spurgeraden sind die Verbindungsgeraden der Spurpunkte. Um möglichst einfach eine Aussage über Spurpunkte treffen zu können, sollte die Ebenengleichung in der sogenannten Achsenabschnittsform vorliegen. Hierfür müsst ihr die Koordinatenform einfach durch die Zahl teilen, bei der kein x steht!

Aus der Koordinatenform $E: 3x + y + 2z = 6$ wird, wenn wir die Gleichung durch 6 teilen also die Achsenabschnittsform $E:\ (1/2)x + (1/6)y + (1/3)z = 1$.

Hier lassen sich die Achsenabschnitte leicht ablesen: Der Schnittpunkt mit der x-Achse ist $S_x(2|0|0)$, welchen man erhält, wenn wir für y und z jeweils 0 einsetzen. Es bleibt dann $(1/2)x = 1$ übrig! Diese Gleichung löst man nach x auf und erhält $x = 2$. Einfacher: Immer die Zahl vor x, y, z als Bruch hinschreiben und die Zahl im Nenner ist der gesuchte Spurpunkt mit der Achse! Analog hierzu erhalten wir für den Schnittpunkt mit der y-Achse $S_y(0|6|0)$ und der Schnittpunkt mit der z-Achse $S_z(0|0|3)$.

Ebene liegt in Parameterform vor

In diesem Abschnitt liegt die Ebene in Parameterform vor. Ausgehend von dieser Ebene sollen die Spurpunkte berechnet werden. Man kann alternativ auch die Parameterform in die Achsenabschnittsform bringen (siehe Umwandlung von Ebenengleichungen). Hier wollen wir aber die Spurpunkte mit der Parameterform berechnen.

Bestimme die Spurpunkte der Ebene

$$E : \vec{x} = \begin{pmatrix} 1 \\ -1 \\ 3 \end{pmatrix} + r \cdot \begin{pmatrix} 3 \\ 1 \\ 0 \end{pmatrix} + s \cdot \begin{pmatrix} 4 \\ 2 \\ -1 \end{pmatrix}.$$

Zunächst stellen wir ein LGS mit $\vec{x} = (x_1\ x_2\ x_3)^T$ aus der Parameterform auf. Es folgt:

$$\begin{array}{llcrcrcr} \text{I} & x_1 & = & 1 & + & 3r & + & 4s \\ \text{II} & x_2 & = & -1 & + & r & + & 2s \\ \text{III} & x_3 & = & 3 & & & - & s \end{array}$$

Für den Spurpunkt mit der x_1-Achse setzen wir $x_2 = x_3 = 0$ und erhalten

$$\begin{array}{lccrcrcr} \text{II}^* & 0 & = & -1 & + & r & + & 2s \\ \text{III}^* & 0 & = & 3 & & & - & s \end{array}$$

Es liegt ein Gleichungssystem mit 2 Gleichungen und 2 Unbekannten vor, welches wir nach r und s mit den von uns bekannten Verfahren lösen. Glücklicherweise ist s in III* die einzige Unbekannte, so dass wir direkt eine Lösung für s erhalten und $s = 3$ in II* einsetzen. Es folgt:

$$\Rightarrow 0 = -1 + r + 2 \cdot 3 \quad \Leftrightarrow \quad r = -5$$

Jetzt nur noch die Werte von r und s in Gleichung I oder in die Ebenengleichung einsetzen:

$$x_1 = 1 + 3 \cdot (-5) + 4 \cdot 3 = -2$$

Der Spurpunkt mit der x_1-Achse lautet $S_1(-2|0|0)$.

Die Berechnung der Spurpunkte mit der x_2- und x_3-Achse erfolgt analog. Ihr müsst dafür nur die anderen Koordinaten gleich Null setzen. Hier die Spurpunkte zur Kontrolle: $S_2(0|2/3|0)$ und $S_3(0|0|1)$.

Notizen

StudyHelp

5 Lagebeziehungen

Jede Gerade lässt sich im $\mathbb{R}^3$ durch eine Gleichung der Form

$$g:\ \vec{x} = \begin{pmatrix} a_1 \\ a_2 \\ a_3 \end{pmatrix} + t \cdot \begin{pmatrix} u_1 \\ u_2 \\ u_3 \end{pmatrix}, \quad t \in \mathbb{R}$$

darstellen. Besondere Lagen ergeben sich, wenn der Stützvektor und der Richtungsvektor Nullen und Einsen als Koordinaten haben. So ist z.B. eine Gerade mit

- $a_1 = a_2 = a_3 = 0$ eine Ursprungsgerade
- $u_2 = u_3 = 0$ eine Parallele zur x_1-Achse
- $u_1 = 0$ eine Parallele zur x_2x_3-Ebene
- $u_1 = u_2 = 1, u_3 = 0$ eine Parallele zu einer der Winkelhalbierenden zwischen der x_1-Achse und der x_2-Achse
- $u_1 = u_2 = u_3 = 1$ eine Gerade, die zu jeder Achse einen Winkel von 45° hat

Jede Ebene lässt sich durch eine Gleichung der Form

$$E : \vec{x} = \begin{pmatrix} p_1 \\ p_2 \\ p_3 \end{pmatrix} + r \cdot \begin{pmatrix} u_1 \\ u_2 \\ u_3 \end{pmatrix} + s \cdot \begin{pmatrix} v_1 \\ v_2 \\ v_3 \end{pmatrix}$$

darstellen. Eine Ebene mit

- $p_1 = p_2 = p_3 = 0$ geht durch den Ursprung
- $u_3 = v_3 = 0$ ist parallel zur x_1x_2-Ebene
- $u_1 = u_2 = 0$ ist parallel zur x_3-Achse

Wenn die Gleichung in Koordinatenform gegeben ist, erkennt man die besondere Lage einer Ebene sofort:

Fehlt ein x_i, so ist die Ebene zu dessen Achse parallel.

5.1 Lage Gerade - Gerade

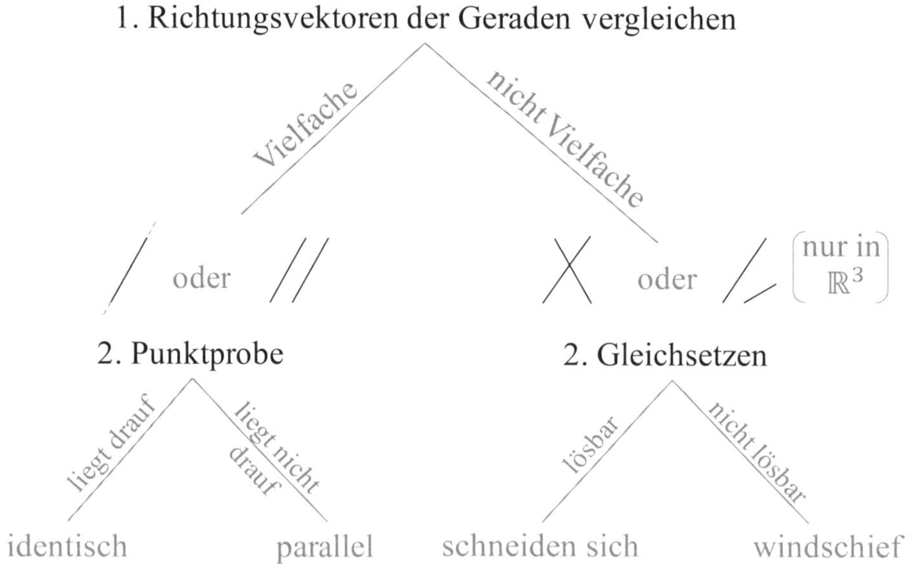

Sonderfall: g und h schneiden sich und sind orthogonal.
Prüfung auf Orthogonalität: Skalarprodukt der Richtungsvektoren ist Null.

Beispiele

1. Untersuche die Lage der Geraden g und h mit

$$g:\ \vec{x} = \begin{pmatrix}2\\0\\2\end{pmatrix} + t\cdot\begin{pmatrix}1\\2\\1\end{pmatrix} \quad \text{und} \quad h:\ \vec{x} = \begin{pmatrix}4\\4\\4\end{pmatrix} + s\cdot\begin{pmatrix}-1\\-2\\-1\end{pmatrix}.$$

Zuerst prüfen wir die Richtungsvektoren der beiden Geraden auf Kollinearität, also ob sie Vielfache voneinander sind. Wir sehen, dass sich der Richtungsvektor der Geraden g aus dem von h ergibt, wenn dieser mit -1 multipliziert wird. Wer nicht das allsehende Auge hat, kann den Ansatz $\vec{u} = r\cdot\vec{v}$ wählen und erhält:

$$\begin{pmatrix}1\\2\\1\end{pmatrix} = -1\cdot\begin{pmatrix}-1\\-2\\-1\end{pmatrix} \quad \text{bzw.} \quad \begin{array}{rcl} 1 &=& r\cdot(-1) \quad\Rightarrow\quad r=-1\\ 2 &=& r\cdot(-2) \quad\Rightarrow\quad r=-1\\ 1 &=& r\cdot(-1) \quad\Rightarrow\quad r=-1\end{array}$$

Wenn r in allen Zeilen den gleichen Wert annimmt, sind die Richtungsvektoren kollinear. Denkt an den Abschnitt zu linearer Unabhängigkeit! Da die Werte von r in diesem Fall gleich sind, handelt es sich entweder um identische oder parallele Geraden. Um das entscheiden zu können, machen wir eine Punktprobe und setzen z.B. den Ortsvektor von h in g ein:

$$\begin{pmatrix}4\\4\\4\end{pmatrix} = \begin{pmatrix}2\\0\\2\end{pmatrix} + t\cdot\begin{pmatrix}1\\2\\1\end{pmatrix} \quad\Rightarrow\quad \begin{array}{rcl} 4 &=& 2 + t\cdot 1 \quad\Rightarrow\quad t=2\\ 4 &=& 0 + t\cdot 2 \quad\Rightarrow\quad t=2\\ 4 &=& 2 + t\cdot 1 \quad\Rightarrow\quad t=2\end{array}$$

Wenn t in allen Zeilen den gleichen Wert annimmt, liegt der Ortsvektor von h auf der Geraden g und damit handelt es sich in diesem Fall um identische Geraden. Merke: Kommt an dieser Stelle nicht überall der gleiche Wert für t raus, handelt es sich um parallele Geraden!

2. Untersuche die Lage der Geraden g und h mit

$$g: \vec{x} = \begin{pmatrix} -3 \\ -4 \\ -1 \end{pmatrix} + t \cdot \begin{pmatrix} 2 \\ 2 \\ 1 \end{pmatrix} \quad \text{und} \quad h: \vec{x} = \begin{pmatrix} 4 \\ 3 \\ 1 \end{pmatrix} + s \cdot \begin{pmatrix} -1 \\ -1 \\ 1 \end{pmatrix}.$$

Wir prüfen zunächst, ob die Richtungsvektoren Vielfache voneinander sind:

$$\vec{u} = r \cdot \vec{v} \quad \Rightarrow \quad \begin{array}{rcl} 2 &=& r \cdot (-1) \\ 2 &=& r \cdot (-1) \\ 1 &=& r \cdot 1 \end{array} \quad \begin{array}{c} \Rightarrow \\ \Rightarrow \\ \Rightarrow \end{array} \quad \begin{array}{rcl} r &=& -2 \\ r &=& -2 \\ r &=& 1 \end{array}$$

Da nicht in allen Zeilen der gleiche Wert für r rauskommt, sind die Richtungsvektoren nicht kollinear. Damit handelt es sich entweder um zwei sich schneidende oder windschiefe Geraden. Das überprüfen wir, indem wir die beiden Geradengleichungen gleichsetzen. Wir erhalten ein LGS, welches wir mit den uns bekannten Verfahren auflösen. Das Ergebnis lautet:

$$\begin{array}{rcrcrcr} -3 &+& 2t &=& 4 &-& s \\ -4 &+& 2t &=& 3 &-& s \\ -1 &+& t &=& 1 &+& s \end{array} \quad \Rightarrow \quad t = 3, \ s = 1$$

Setzen wir die Werte von t und s nun in oberste Gleichung ein, erhalten wir die wahre Aussage $3 = 3$. Da die Aussage wahr ist, liegt ein Schnittpunkt vor und es handelt sich um zwei sich schneidende Geraden. Wenn hier eine falsche Aussage raus kommt, sind die Geraden windschief. Der Schnittpunkt kann bestimmt werden, indem $t = 3$ in g oder $s = 1$ in h eingesetzt wird: $S(3|2|2)$.

5.2 Lage Gerade - Ebene

Für die Lage einer Gerade g und einer Ebene E sind 3 Fälle möglich:

1. g und E schneiden sich in einem Punkt.
2. g und E sind echt parallel.
3. g liegt in E.

Sonderfall Die Gerade g schneidet die Ebene E orthogonal. Dies ist der Fall, wenn ein Normalenvektor von E ein Vielfaches des Richtungsvektors von g ist.

Gerade liegt in Parameter- und Ebene in Koordinatenform vor

Beispiel Untersuche die Lage der Gerade g und der Ebene E mit

$$g : \vec{x} = \begin{pmatrix} 2 \\ 1 \\ 3 \end{pmatrix} + r \cdot \begin{pmatrix} 0 \\ 2 \\ 1 \end{pmatrix} \quad \text{und} \quad E : 2x_1 - x_3 = 4$$

Vorgehen:

1. Parameterform der Gerade umschreiben.
2. x_1, x_2 und x_3 in Koordinatenform der Ebene einsetzen.
3. Nach Parameter der Gerade umstellen.
4. Ergebnis interpretieren.

Wir schreiben zunächst die Parameterform der Gerade um und setzen in E ein:

$$\begin{array}{rcclcl} \text{I} & x_1 & = & 2 & & \\ \text{II} & x_2 & = & 1 & + & 2r \\ \text{III} & x_3 & = & 3 & + & 1r \end{array} \quad \Rightarrow \quad 2 \cdot 2 - (3 + 1r) = 4$$

Das Ergebnis $r = -3$ setzen wir nun in die Parameterform der Gerade g ein und wir erhalten mit

$$\vec{x} = \begin{pmatrix} 2 \\ 1 \\ 3 \end{pmatrix} + (-3) \begin{pmatrix} 0 \\ 2 \\ 1 \end{pmatrix} = \begin{pmatrix} 2 \\ -5 \\ 0 \end{pmatrix}$$

eine eindeutige Lösung und wissen somit, dass die Gerade die Ebene im Punkt $S(2|-5|0)$ schneidet.

Was für Lösungsmöglichkeiten gibt es sonst noch?

Wahre Aussagen, z.B.

$$0 = 0, \quad 4 = 4, \quad -2 = -2$$

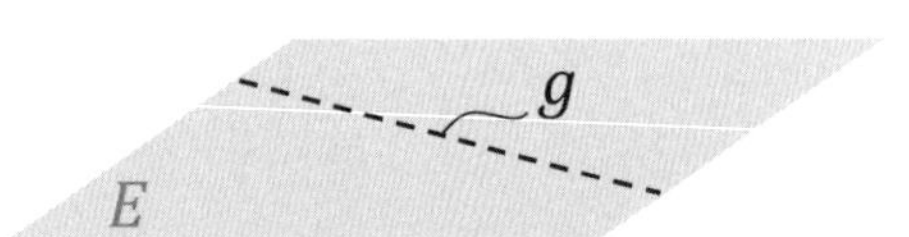

⇒ g liegt in E.

Falsche Aussagen, z.B.

$$0 \neq 4, \quad 1 \neq 2, \quad -3 \neq 1$$

⇒ g und E sind parallel.

Gerade und Ebene liegen in Parameterform vor

Beispiel Untersuche die Lage der Gerade g und der Ebene E mit

$$g: \vec{x} = \begin{pmatrix} 2 \\ -3 \\ 2 \end{pmatrix} + r \cdot \begin{pmatrix} 1 \\ -1 \\ 3 \end{pmatrix} \quad \text{und} \quad E: \vec{x} = \begin{pmatrix} -3 \\ 1 \\ 1 \end{pmatrix} + s \cdot \begin{pmatrix} 1 \\ -2 \\ -1 \end{pmatrix} + t \cdot \begin{pmatrix} 0 \\ -1 \\ 2 \end{pmatrix}$$

Vorgehen:

1. Parameterformen gleichsetzen.
2. LGS aufstellen und lösen. Alternativ: In Matrixschreibweise aufschreiben und in Stufenform bringen.
3. Ergebnis interpretieren.

Wir setzen die Terme von Gerade und Ebene gleich und erhalten folgendes LGS:

$$\begin{array}{llcl} \text{I} & 2 + r & = & -3 + s \\ \text{II} & -3 - r & = & 1 - 2s - t \\ \text{III} & 2 + 3r & = & 1 - s + 2t \end{array} \Leftrightarrow \begin{array}{llcl} \text{I} & r - s & = & -5 \\ \text{II} & -r + 2s + t & = & 4 \\ \text{III} & 3r + s - 2t & = & -1 \end{array}$$

Mit einem Lösungsverfahren eurer Wahl lösen (siehe Kap. LGS Lösen) und wir erhalten als Lösung $r = -3$, $s = 2$ und $t = -3$. Es liegt ein Schnittpunkt der Gerade und Ebene vor. Um diesen zu erhalten setzt ihr entweder r in die Geradengleichung oder s und t in die Ebenengleichung ein. Der Schnittpunkt liegt bei $S(-1|\ 0\ |-7)$.

5.3 Lage Ebene - Ebene

Für die gegenseitige Lage zweier Ebenen sind 3 Fälle möglich:

1. Sie schneiden sich (Schnittgerade).
2. Sie sind echt parallel.
3. Sie sind identisch.

Bei der konkreten Untersuchung der Lage zweier Ebenen hängt der Rechenaufwand sehr davon ab, in welcher Form die Ebenengleichungen vorliegen. Sind beide in Parameterform gegeben, ist der Rechenaufwand meist am größten.

Sonderfall Die Ebenen sind orthogonal. Dies ist der Fall, wenn das Skalarprodukt der Normalenvektoren Null ist.

Lageuntersuchungen bei verschiedenen Formen der Ebenengleichung

- Sind beide Gleichungen in Koordinatenform gegeben, fasst man beide als ein LGS mit 2 Gleichungen und 3 Variablen auf.
- Sind beide Gleichungen in Parameterform gegeben, setzt man die Terme der Ebenen gleich und erhält ein LGS mit 3 Gleichungen und 4 Variablen.
- Ist eine Gleichung in Koordinaten- und eine in Parameterform gegeben, setzt man x_1, x_2 und x_3 aus der Parametergleichung in die Koordinatengleichung ein und erhält eine Gleichung mit zwei Parametern. Das ist meistens der einfachste Weg!

Ebenen liegen in Parameter- und Koordinatenform vor

Beispiel Gegeben seien die Ebenen E_1 in Parameterform und E_2 in Koordinatenform mit

$$E_1 : \vec{x} = \begin{pmatrix} 1 \\ 2 \\ 1 \end{pmatrix} + r \cdot \begin{pmatrix} 0 \\ 1 \\ 0 \end{pmatrix} + s \cdot \begin{pmatrix} 2 \\ 1 \\ 1 \end{pmatrix} \quad \text{und} \quad E_2 : x_1 - 2x_2 = 1.$$

Idee: E_1 umschreiben und in E_2 einsetzen:

$$\begin{array}{llcccccc} \text{I} & x_1 & = & 1 & + & 0r & + & 2s \\ \text{II} & x_2 & = & 2 & + & 1r & + & 1s \\ \text{III} & x_3 & = & 1 & + & 0r & + & 1s \end{array} \quad \Rightarrow \quad (1+2s) - 2 \cdot (2 + 1r + 1s) = 1$$

Das Ergebnis $r = -2$ in E_1 einsetzen und wir erhalten

$$g : \vec{x} = \begin{pmatrix} 1 \\ 2 \\ 1 \end{pmatrix} + (-2) \cdot \begin{pmatrix} 0 \\ 1 \\ 0 \end{pmatrix} + s \cdot \begin{pmatrix} 2 \\ 1 \\ 1 \end{pmatrix} = \begin{pmatrix} 1 \\ 0 \\ 1 \end{pmatrix} + s \cdot \begin{pmatrix} 2 \\ 1 \\ 1 \end{pmatrix}$$

eine Schnittgerade g.

Was für Lösungsmöglichkeiten gibt es sonst noch?

Wahre Aussagen, z.B.

$$0 = 0, \quad 4 = 4, \quad 3 = 3$$

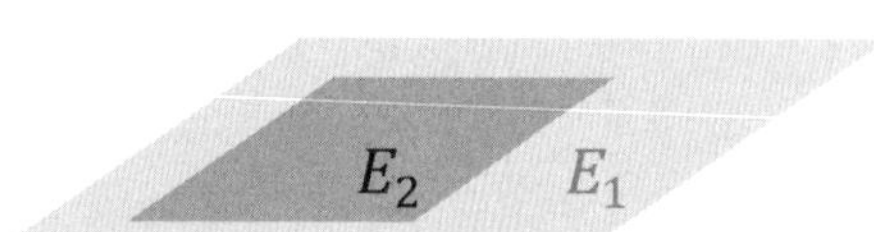

⇒ Ebenen sind identisch.

Falsche Aussagen, z.B.

$$0 \neq 4, \quad 1 \neq 2, \quad -3 \neq 1$$

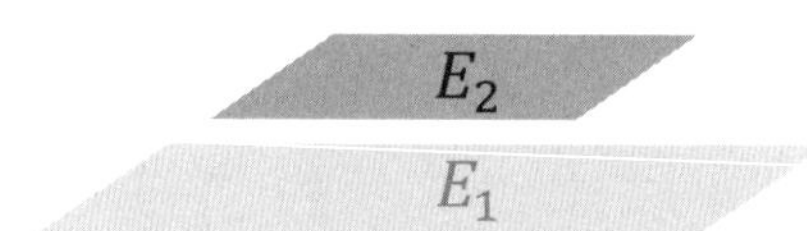

⇒ Ebenen sind parallel.

Ebenen liegen in Parameterform vor

Beispiel Gegeben seien die Ebenen E_1 und E_2 in Parameterform:

$$E_1 : \vec{x} = \begin{pmatrix} 1 \\ 0 \\ 2 \end{pmatrix} + r \begin{pmatrix} -1 \\ 1 \\ 0 \end{pmatrix} + s \begin{pmatrix} 0 \\ 2 \\ -1 \end{pmatrix}, \quad E_2 : \vec{x} = \begin{pmatrix} 1 \\ 2 \\ 1 \end{pmatrix} + t \begin{pmatrix} -1 \\ 0 \\ 2 \end{pmatrix} + u \begin{pmatrix} 0 \\ 1 \\ 0 \end{pmatrix}$$

Wie bei der Lage von Gerade - Ebene in Parameterform setzen wir zunächst die Terme der Ebenengleichungen gleich und erstellen daraus ein Gleichungssystem mit 3 Gleichungen und 4 Unbekannten. Es folgt für unser Beispiel das LGS

$$\begin{array}{lrcl} \text{I} & 1 - r & = & 1 - t \\ \text{II} & r + 2s & = & 2 + u \\ \text{III} & 2 - s & = & 1 + 2t \end{array} \quad \Leftrightarrow \quad \begin{array}{lrcl} \text{I} & -r + t & = & 0 \\ \text{II} & r + 2s - u & = & 2 \\ \text{III} & -s - 2t & = & -1 \end{array}$$

mit der Lösung $u = -3t$. Das bedeutet die Ebenen schneiden sich in einer Schnittgerade. Zur Bestimmung der Schnittgeraden setzen wir die Lösung in eine der beiden Ebenen ein (hier in E_2).

$$g : \vec{x} = \begin{pmatrix} 1 \\ 2 \\ 1 \end{pmatrix} + t \cdot \begin{pmatrix} -1 \\ 0 \\ 2 \end{pmatrix} - 3t \cdot \begin{pmatrix} 0 \\ 1 \\ 0 \end{pmatrix} = \begin{pmatrix} 1 \\ 2 \\ 1 \end{pmatrix} + t \cdot \begin{pmatrix} -1 \\ -3 \\ 2 \end{pmatrix}$$

Ebenen liegen in Koordinatenform vor

Liegen die beiden Ebenen in Koordinatenform vor, gibt es mehrere Möglichkeiten. Ihr könnt eine Ebenengleichung in Parameterform umwandeln und das entsprechende Vorgehen abarbeiten, was einen sicheren Ablauf verspricht. Alternativ könnt ihr auch ohne Umwandlung der Gleichungen zum Ergebnis kommen. Ziel ist es dabei, eine Koordinate (x_1, x_2 oder x_3) zu eliminieren.

Beispiel Untersuche die Lagebeziehungen der Ebenen

$$\begin{array}{ll} \text{I} & E_1 : \; 2x_1 - 4x_2 + 6x_3 = 8 \\ \text{II} & E_2 : \; x_1 + 4x_2 - 3x_3 = -5 \end{array}$$

Wir gucken uns die beiden Gleichungen an und sehen, dass die Koordinate x_2 wegfällt, wenn die Gleichungen addiert werden. Anschließend stellen wir nach einer übrig gebliebenen Koordinate um, hier x_1.

$$\begin{array}{rll|l} \text{I+II} & 3x_1 + 3x_3 & = 3 & -3x_3 \\ \Leftrightarrow & 3x_1 & = 3 - 3x_3 & :3 \\ \Leftrightarrow & x_1 & = 1 - x_3 & \end{array}$$

Wir sehen, dass die Ebenen nicht identisch (sonst müsste eine wahre Aussage wie z.B. $0 = 0$ rauskommen) und nicht parallel (sonst müsste eine falsche Aussage wie z.B. $0 = 8$ rauskommen). Die Ebenen schneiden sich und haben eine Schnittgerade. Um diese zu ermitteln setzen wir $x_1 = 1 - x_3$ in eine der beiden Gleichungen ein, hier II und stellen nach x_2 um. Dadurch haben wir x_1 und x_2 in Abhängigkeit von x_3 ausgedrückt. Es folgt:

$$\begin{aligned}
\Rightarrow \quad & 1 - x_3 + 4x_2 - 3x_3 &&= -5 && \mid \text{zusammenfassen}\\
\Leftrightarrow \quad & 1 + 4x_2 - 4x_3 &&= -5 && \mid -1 \ + 4x_3\\
\Leftrightarrow \quad & 4x_2 &&= -6 + 4x_3 && \mid :4\\
\Leftrightarrow \quad & x_2 &&= -1,5 + x_3 && \mid :4
\end{aligned}$$

Mehr können wir nicht machen. Wir schreiben das Ergebnis etwas anders auf und erkennen die Struktur einer Geraden.

$$\begin{pmatrix} x_1 \\ x_2 \\ x_3 \end{pmatrix} = \begin{pmatrix} 1 - x_3 \\ -1,5 + x_3 \\ x_3 \end{pmatrix} = \begin{pmatrix} 1 \\ -1,5 \\ 0 \end{pmatrix} + \begin{pmatrix} -x_3 \\ x_3 \\ x_3 \end{pmatrix}$$

Jetzt kommt der letzte Schritt, der für viele oft schwer zu verstehen ist. Wir behaupten es sei $x_3 = t$ (oder r oder s etc.) ein Parameter und erhalten die gesuchte Schnittgerade in Parametergleichung mit

$$g : \vec{x} = \begin{pmatrix} 1 \\ -1,5 \\ 0 \end{pmatrix} + t \cdot \begin{pmatrix} -1 \\ 1 \\ 1 \end{pmatrix}.$$

5.4 Übersicht Schnittwinkel

Vektor - Vektor

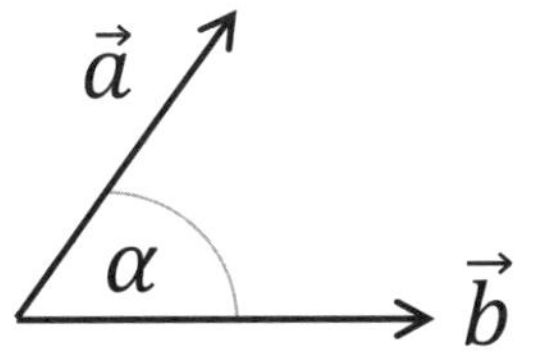

$$\cos(\alpha) = \frac{\vec{a} \bullet \vec{b}}{|\vec{a}| \cdot |\vec{b}|}$$

Gerade - Gerade

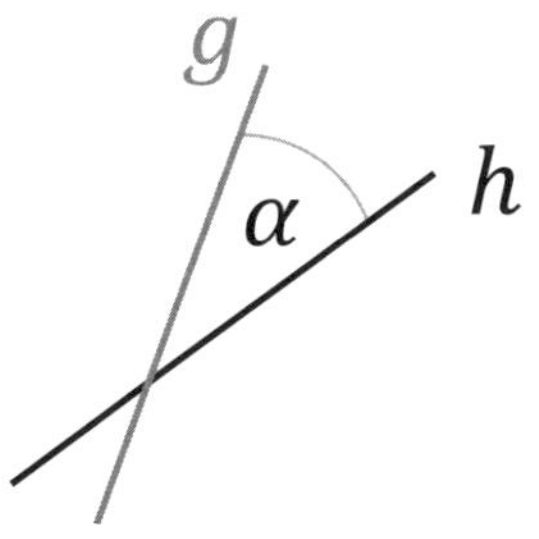

$$\cos(\alpha) = \left| \frac{\overrightarrow{RV}_g \bullet \overrightarrow{RV}_h}{|\overrightarrow{RV}_g| \cdot |\overrightarrow{RV}_h|} \right|$$

mit $\overrightarrow{RV}_g$ bzw. $\overrightarrow{RV}_h$ als Richtungsvektoren zweier sich schneidender Geraden g und h.

Gerade - Ebene

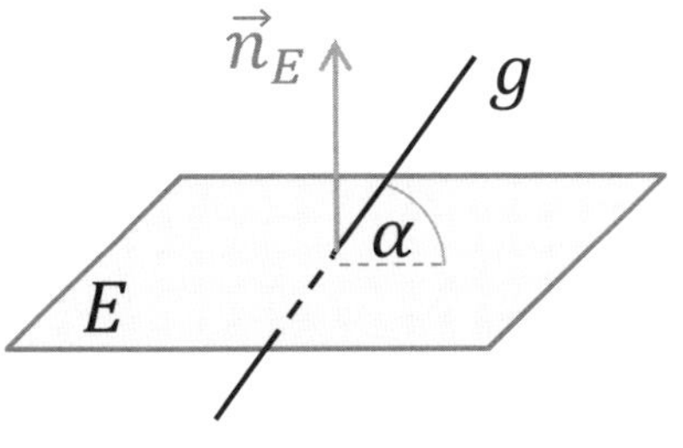

$$\sin(\alpha) = \left| \frac{\vec{n}_E \bullet \overrightarrow{RV}_g}{|\vec{n}_E| \cdot |\overrightarrow{RV}_g|} \right|$$

mit $\vec{n}_E$ als Normalenvektor einer Ebene E und $\overrightarrow{RV}_g$ als Richtungsvektor einer Geraden g.

Ebene - Ebene

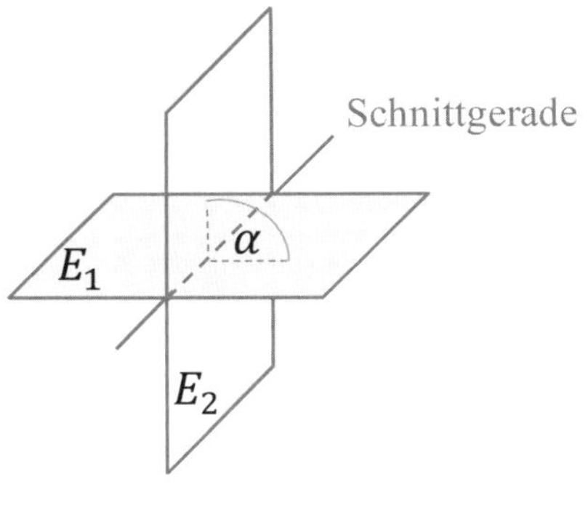

$$\cos(\alpha) = \left| \frac{\vec{n}_1 \bullet \vec{n}_2}{|\vec{n}_1| \cdot |\vec{n}_2|} \right|$$

mit $\vec{n}_1$ bzw. $\vec{n}_2$ als Normalenvektor zweier Ebenen E_1 und E_2.

Notizen

6 Abstände

6.1 Abstand Punkt zu Punkt

Vorgehen:

1. Vektor $\overrightarrow{AB}$ der beiden gegebenen Punkte A und B berechnen.
2. Länge des Vektors $\overrightarrow{AB}$ mit dem Betrag berechnen: Abstand $= |\overrightarrow{AB}|$

Hinweis: Ob wir den Vektor $\overrightarrow{AB}$ oder aber den Vektor $\overrightarrow{BA}$ berechnen, hat auf das Ergebnis keinen Einfluss. Warum? Weil die Länge gleich bleibt und sich nur die Richtung des Vektors ändert.

6.2 Abstand Punkt zu Gerade

Der Abstand d eines Punktes P von einer Geraden g ist gleich der Länge des Lotes von P auf g; d.h. d ist gleich dem Betrag des Vektors $\overrightarrow{PF}$, wobei F der Lotfußpunkt ist.

Hinweis: Unter Umständen ist es sinnvoll vorher zu überprüfen, ob der Punkt auf der Geraden liegt. Der Abstand wäre dann logischerweise 0 und man spart sich viel Rechenarbeit!

Berechnung mit dem Lotverfahren

Gegeben sei eine Gerade g in Parameterform und ein Punkt $P(3|3|3)$ mit

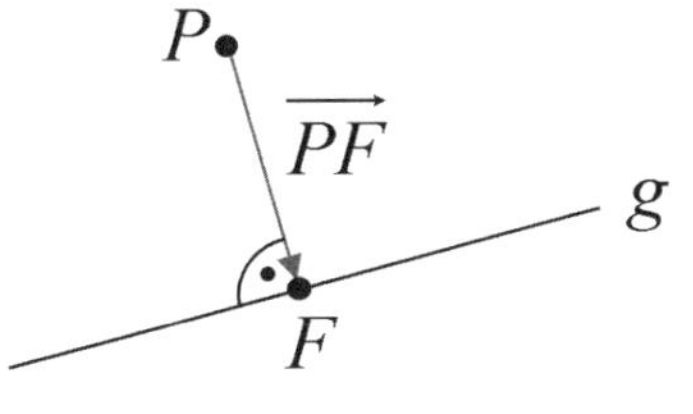

$$g : \vec{x} = \begin{pmatrix} 2 \\ 1 \\ 1 \end{pmatrix} + t \cdot \begin{pmatrix} 2 \\ -1 \\ -1 \end{pmatrix}.$$

Wir wissen, dass der Lotfußpunkt auf der Geraden g liegen soll. Also gilt zunächst allgemein $F(2 + 2t|1 - 1t|1 - 1t)$. Die Gerade durch den Punkt P und F muss senkrecht (orthogonal) zur Geraden g sein. Daher muss das Skalarprodukt Null sein!

$$\overrightarrow{PF} \bullet \overrightarrow{RV_g} = 0$$

Es folgt:

$$\overrightarrow{PF} = \begin{pmatrix} 2+2t \\ 1-1t \\ 1-1t \end{pmatrix} - \begin{pmatrix} 3 \\ 3 \\ 3 \end{pmatrix} = \begin{pmatrix} -1+2t \\ -2-1t \\ -2-1t \end{pmatrix} \Rightarrow \begin{pmatrix} -1+2t \\ -2-1t \\ -2-1t \end{pmatrix} \bullet \begin{pmatrix} 2 \\ -1 \\ -1 \end{pmatrix} = 0$$

Das Ergebnis lautet $t = -1/3$ und damit kann der Lotfußpunkt F bestimmt werden. Anschließend bestimmen wir den Abstand der beiden Punkte P und $F\left(\frac{4}{3}|\frac{4}{3}|\frac{4}{3}\right)$: $d = |\overrightarrow{PF}| \approx 2,89$.

Berechnung mit der Hilfsebene

Als Alternative zum Lotverfahren, kann der Abstand des Punktes zu einer Geraden auch mit einer Hilfsebene berechnet werden. Die Idee:

Eine Hilfsebene E konstruieren, die den Abstandspunkt P enthält und von der Geraden g senkrecht durchstoßen wird.

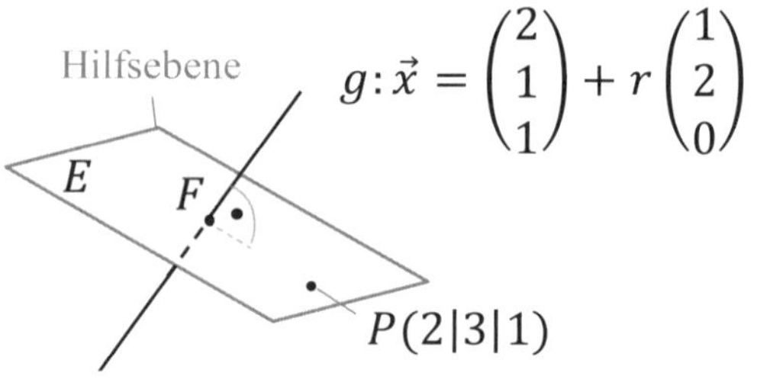

Vorgehen:

1. Richtungsvektor der Geraden g ist Normalenvektor $\vec{n}$ der Hilfsebene E.
2. Koordinatenform von E mit $\vec{n}$ und P aufstellen.
3. Durchstoßpunkt F von g und E bestimmen.
4. Abstand von P zu Durchstoßpunkt F berechnen.

Für unser Beispiel folgt mit dem Normalenvektor $\vec{n} = (2\ 1\ 1)^T$ und dem Ansatz[1]

$$E: \vec{n} \bullet \vec{x} = \vec{n} \bullet \vec{p} \quad \Leftrightarrow \quad \begin{pmatrix} 2 \\ 1 \\ 1 \end{pmatrix} \bullet \begin{pmatrix} x_1 \\ x_2 \\ x_3 \end{pmatrix} = \begin{pmatrix} 2 \\ 1 \\ 1 \end{pmatrix} \bullet \begin{pmatrix} 2 \\ 3 \\ 1 \end{pmatrix}$$

die Koordinatenform der Hilfsebene $2x_1 + x_2 + x_3 = 8$. Um den Durchstoßpunkt (oder Schnittpunkt) zu berechnen, setzen wir die Gerade in die Koordinatenform der Hilfsebene ein und erhalten:

$$2 \cdot (2+r) + (1+2r) + (1+0r) = 8 \quad \Rightarrow \quad r = \frac{1}{2}$$

Anschließend setzen wir $r = 1/2$ in die Gerade g ein und erhalten den Durchstoßpunkt $F(5/2|2|1)$. Der Abstand ist dann $d = |\overrightarrow{PF}| \approx 1,12$.

[1] siehe Umwandlung von Ebenengleichungen, Beispiel zu 5, Möglichkeit 2

6.3 Abstand paralleler Geraden

Mit Abstand ist hier die kürzeste Strecke zwischen zwei Geraden gemeint. Der Abstand zweier paralleler Geraden g_1 und g_2 ist der Abstand eines beliebigen Punktes $P \in g_2$ von der Geraden g_1.

Vorgehen:

1. Ortsvektor der Geraden g_2 wird als Punkt P festgelegt.
2. Weiter mit dem Vorgehen *Abstand Punkt zu Gerade.*

6.4 Abstand windschiefer Geraden

Bei der Berechnung des Abstands zweier windschiefer Geraden werden wir in diesem Abschnitt zwei Verfahren kennenlernen. Zum einen die Verwendung einer Hilfsebene und zum anderen die Verwendung von Lotfußpunkten.

Berechnung mit Hilfsebene

Wir betrachten die beiden windschiefen Geraden g und h. Zur Berechnung des Abstands führen wir eine Hilfsebene E ein, wodurch wir später nur noch den Abstand eines Punktes P von der Ebene berechnen müssen.

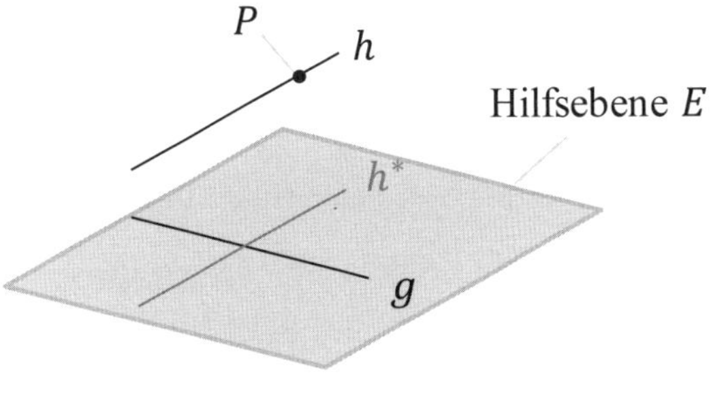

Vorgehen:

1. Normalenvektor $\vec{n}$ mit Richtungsvektoren der Geraden g und h bestimmen.
2. Koordinatenform von E aufstellen, z.B. mit Punkt von g und $\vec{n}$.
3. Abstand des Punktes (Ortsvektor nehmen!) von der Geraden h zur Hilfsebene E bestimmen.

Beispiel: Berechne den Abstand d der beiden windschiefen Geraden

$$g: \vec{x} = \begin{pmatrix} -7 \\ 2 \\ -3 \end{pmatrix} + r \cdot \begin{pmatrix} 0 \\ 1 \\ 2 \end{pmatrix} \quad \text{und} \quad h: \vec{x} = \begin{pmatrix} -3 \\ -3 \\ 3 \end{pmatrix} + s \cdot \begin{pmatrix} 1 \\ 2 \\ 1 \end{pmatrix}$$

Zunächst berechnen wir den Normalenvektor mit dem Kreuzprodukt:

$$\begin{pmatrix} 0 \\ 1 \\ 2 \end{pmatrix} \times \begin{pmatrix} 1 \\ 2 \\ 1 \end{pmatrix} = \begin{pmatrix} 1-4 \\ 2-0 \\ 0-1 \end{pmatrix} = \begin{pmatrix} -3 \\ 2 \\ -1 \end{pmatrix} = \vec{n}$$

Die Koordinatenform der Hilfsebene E erhalten wir mit dem Ansatz $\vec{n} \bullet \vec{x} = \vec{n} \bullet \vec{p}$:

$$\begin{pmatrix}-3\\2\\-1\end{pmatrix} \bullet \begin{pmatrix}x_1\\x_2\\x_3\end{pmatrix} = \begin{pmatrix}-3\\2\\-1\end{pmatrix} \bullet \begin{pmatrix}-7\\2\\-3\end{pmatrix} \quad \Rightarrow \quad -3x_1 + 2x_2 - x_3 = 28$$

Um den gesuchten Abstand zu bestimmen, wählen wir einen beliebigen Punkt P der Geraden h aus. Am einfachsten ist der Ortsvektor, hier $(-3 \ -3 \ 3)^T$. Anschließend berechnen wir den Abstand des Punktes P zur Ebene E mit der Hesseform:

$$d(P;E) = \left| \frac{-3x_1 + 2x_2 - x_3 - 28}{|\vec{n}|} \right| = \left| \frac{-3 \cdot (-3) + 2 \cdot (-3) - 3 - 28}{\sqrt{14}} \right| \approx 7,48$$

Berechnung mit dem Lotverfahren

Gegeben seien die Geraden

$$g: \ \vec{x} = \begin{pmatrix}2\\1\\1\end{pmatrix} + r \cdot \begin{pmatrix}1\\0\\1\end{pmatrix} \quad \text{und} \quad h: \ \vec{x} = \begin{pmatrix}1\\0\\2\end{pmatrix} + s \cdot \begin{pmatrix}-2\\1\\1\end{pmatrix},$$

welche windschief zueinander sind. Um den kürzesten Abstand der Geraden zu bestimmen, kann man auch mit Hilfe des Lotverfahrens arbeiten. Gesucht ist die Verbindungslinie zwischen zwei Punkten, z.B. G und H, welche senkrecht zur Geraden g und gleichzeitig auch senkrecht zu Geraden h verläuft.

Daraus ergeben sich zwei Bedingungen, denn zwei Vektoren sind senkrecht zueinander, wenn das Skalarprodukt gleich 0 ist. Es muss gelten:

$$\begin{aligned} &\text{I} \quad \overrightarrow{GH} \bullet \overrightarrow{RV}_g = 0 \\ &\text{II} \quad \overrightarrow{GH} \bullet \overrightarrow{RV}_h = 0 \end{aligned}$$

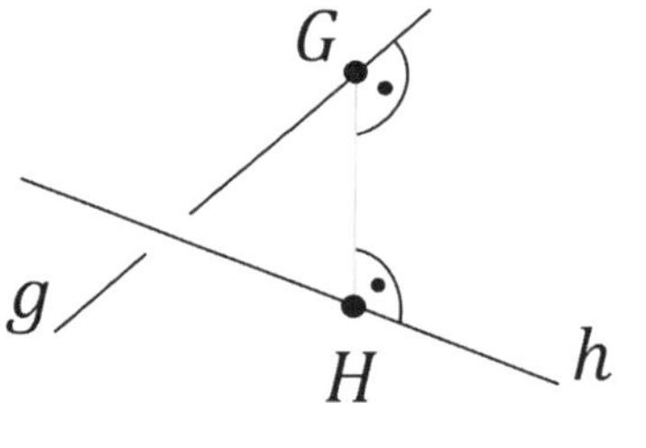

Für die Bestimmung der Verbindungslinie[2] $\overrightarrow{GH}$ merken wir uns: Gerade h minus Gerade g.

$$\overrightarrow{GH} = \begin{pmatrix}1\\0\\2\end{pmatrix} + s \cdot \begin{pmatrix}-2\\1\\1\end{pmatrix} - \left[\begin{pmatrix}2\\1\\1\end{pmatrix} + r \cdot \begin{pmatrix}1\\0\\1\end{pmatrix}\right] = \begin{pmatrix}-1\\-1\\0\end{pmatrix} + s \cdot \begin{pmatrix}-2\\1\\1\end{pmatrix} - r \cdot \begin{pmatrix}1\\0\\1\end{pmatrix}$$

Einsetzen von $\overrightarrow{GH}$ und der Richtungsvektoren von g und h in die Bedingungen I, II liefert folgendes Gleichungssystem:

$$\begin{aligned} &\text{I} \quad 2r + s = -1 \\ &\text{II} \quad r + 6s = -1 \end{aligned}$$

[2] auch möglich: $\overrightarrow{HG}$

Wir erhalten nach dem Lösen des Gleichungssystems für $r = -11/7$ und $s = 15/7$. Die Werte setzen wir anschließend in die Geradengleichungen von g und h ein und erhalten die Punkte $G = (3/7 \mid 1 \mid -4/7)$ und $H = (-16/7 \mid 15/7 \mid 22/7)$. Der Abstand ist dann nichts anderes als der Betrag des Vektors $\overrightarrow{GH}$.

6.5 Abstand Punkt zu Ebene

In diesem Abschnitt lernen wir zwei Verfahren, wie die Berechnung des Abstands von einem Punkt zu einer Ebene erfolgen kann.

Berechnung mit dem Lotverfahren

Um den Abstand mit dem Lotverfahren oder Lotfußpunktverfahren zu ermitteln, müssen wir wissen, wie man einen Schnittpunkt oder Durchstoßpunkt von Gerade und Ebene sowie den Abstand zweier Punkte berechnet. Es empfiehlt sich, die Ebenengleichung in Koordinatenform vorliegen zu haben!

Vorgehen:

1. Lotgerade g mit Normalenvektor der Ebene und Ortsvektor $\overrightarrow{0P}$ aufstellen.
2. Schnittpunkt F von Lotgerade mit Ebene berechnen (Lotfußpunkt).
3. Abstand vom Punkt zum Schnittpunkt berechnen (entspricht dem Abstand vom Punkt zur Ebene).

Beispiel Gegeben sei die Ebene $E: 2x_1 - x_2 + x_3 = 8$ und der Punkt $P(2|1|3)$. Berechne den Abstand mit einer Hilfsgeraden (Lotgerade).

Wir stellen zunächst die Hilfsgerade g auf, die durch Punkt P und senkrecht zur Ebene E verläuft:

$$g: \vec{x} = \underbrace{\begin{pmatrix} 2 \\ 1 \\ 3 \end{pmatrix}}_{P} + t \cdot \underbrace{\begin{pmatrix} 2 \\ -1 \\ 1 \end{pmatrix}}_{\vec{n}},$$

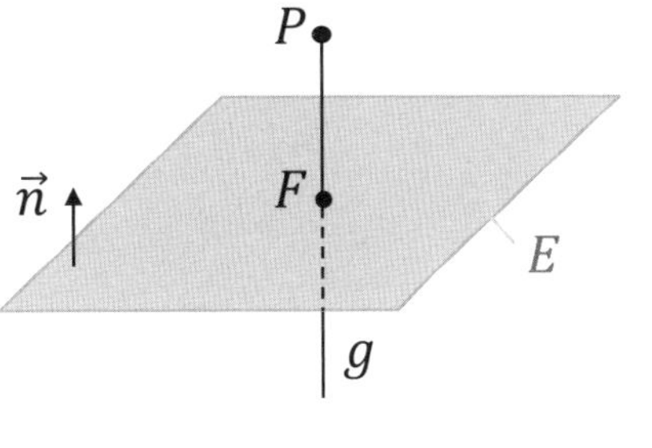

wobei der Richtungsvektor dem Normalenvektor $\vec{n}$ der Ebenengleichung entspricht. Nun kann der Lotfußpunkt F bestimmt werden (Thema: Schnittpunkt Gerade und Ebene), indem wir die einzelnen Koordinaten der Gerade rausschreiben und in die

Ebenengleichung einsetzen:

$$\begin{aligned} x_1 &= 2 + 2 \cdot t \\ x_2 &= 1 - 1 \cdot t \qquad \Rightarrow 2 \cdot (2 + 2 \cdot t) - 1 \cdot (1 - 1 \cdot t) + 1 \cdot (3 + 1 \cdot t) = 8 \\ x_3 &= 3 + 1 \cdot t \end{aligned}$$

Wir erhalten für $t = 1/3$ und setzen diesen Wert in die Geradengleichung ein um den Lotfußpunkt $F = (8/3 \mid 2/3 \mid 10/3)$ zu erhalten. Anschließend berechnen wir den Abstand der beiden Punkte P und F mit $|\overrightarrow{PF}| \approx 0,82$.

Berechnung mit der Hesseform

Wenn es nur um den Abstand geht und nicht Lotfußpunkte berechnet werden sollen, ist die Abstandsberechnung mit der Hesseform am leichtesten. Hierbei sollte vor allem die Umwandlung von Ebenengleichungen bekannt sein. Dazu betrachten wir das nebenstehende Beispiel.

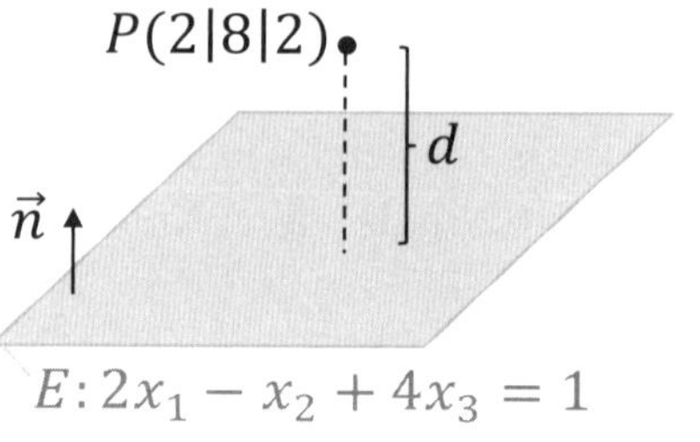

Vorgehen:

1. Ebenengleichung auf Koordinatenform bringen, falls nicht schon gegeben.
   Hier: $2x_1 - x_2 + 4x_3 = 1$
2. Normalenvektor ablesen und Länge bestimmen.
   Hier: $\vec{n} = (2 \ -1 \ 4)^T$ und $|\vec{n}| = \sqrt{21}$
3. Ebenengleichung umstellen: $2x_1 - x_2 + 4x_3 - 1 = 0$
4. Punkt P und Ebene E in die Hesseform einsetzen:

$$d(P,E) = \left|\frac{2x_1 - x_2 + 4x_3 - 1}{\vec{n}}\right| = \left|\frac{2 \cdot 2 - 1 \cdot 8 + 4 \cdot 2 - 1}{\sqrt{21}}\right| \approx 0,65$$

7 Kreise und Kugeln

7.1 Der Kreis

Ist der Mittelpunkt eines Kreises vom Koordinatenursprung $O(0|0)$ verschieden, so haben die Ortsvektoren der Punkte des Kreises keine einheitliche Länge. Es gilt aber immer noch, dass der Abstand jedes Punktes X des Kreises vom Mittelpunkt M konstant, und zwar gleich dem Radius r ist. Durch Parallelverschiebung erhält man dann einen Kreis, dessen Mittelpunkt nicht im Ursprung, sondern in einem beliebigen Punkt $M(x_M|y_M)$ des Koordinatensystems, liegt. Die Gleichung wird dann als Verschiebungsform bezeichnet.

Sei $\vec{m} \in \mathbb{R}^2$ der Ortsvektor des Mittelpunktes M. Die Menge aller Punkte X, deren Ortsvektoren $\vec{x} \in \mathbb{R}^2$ die Gleichung

$$k : (\vec{x} - \vec{m})^2 = r^2$$

erfüllen, ist der Kreis in der xy-Ebene um den Mittelpunkt M mit dem Radius r. Koordinatengleichung:

$$k : (x - x_M)^2 + (y - y_M)^2 = r^2$$

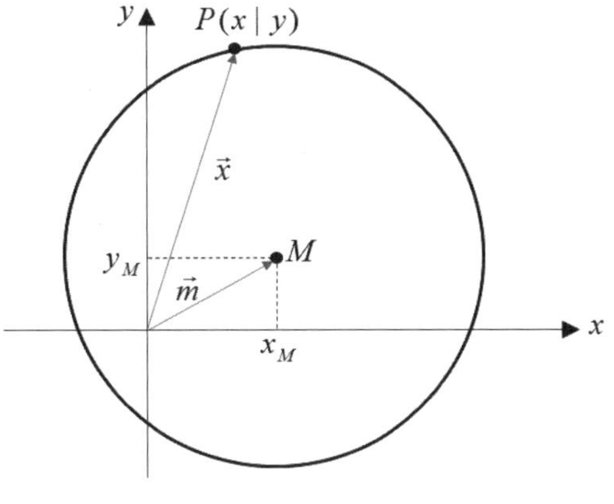

Beispiel Gegeben ist der Mittelpunkt $M(4|8)$ und der Radius $r = 3$. Es soll die Kreisgleichung in Koordinaten- und Vektorform aufgestellt werden.

$$k : (x-4)^2 + (y-8)^2 = 3^2 \quad \text{bzw.} \quad k : \left[\vec{x} - \begin{pmatrix} 4 \\ 8 \end{pmatrix}\right]^2 = 3^2 \Leftrightarrow \left[\begin{pmatrix} x-4 \\ y-8 \end{pmatrix}\right]^2 = 9$$

7.2 Die Kugel

Eine Kugel, im Sinne von Kugelfläche, wird als Menge aller Punkte des Raumes definiert, die von einem fest vorgegebenen Mittelpunkt M einen festen Abstand r hat. Sei $\vec{m} \in \mathbb{R}^3$ der Ortsvektor des Mittelpunktes M. Die Menge aller Punkte X, deren Ortsvektoren $\vec{x} \in \mathbb{R}^3$ die Gleichung

$$k : (\vec{x} - \vec{m})^2 = r^2$$

erfüllen, ist die Kugel um den Mittelpunkt M mit dem Radius r. Die allgemeine Koordinatengleichung lautet:

$k: (x - x_M)^2 + (y - y_M)^2 + (z - z_M)^2 = r^2$

Jeder Punkt P der Kugel lässt sich durch seine kartesischen Koordinaten $(x|y|z)$ eindeutig beschreiben. Es sei an dieser Stelle nur darauf hingewiesen, dass Kugeln auch mit den Kugelkoordinaten r, θ, φ beschrieben werden können.

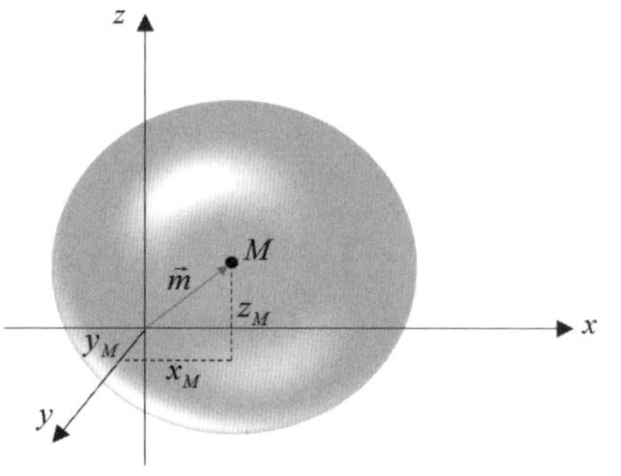

Beispiel Gegeben ist der Mittelpunkt $M(4|8|-2)$ und der Radius $r = 5$. Es soll die Kugelgleichung in Koordinaten- und Vektorform aufgestellt werden.

$$k: (x-4)^2 + (y-8)^2 + (z+2)^2 = 5^2 \quad \text{bzw.} \quad k: \left[\begin{pmatrix} x \\ y \\ z \end{pmatrix} - \begin{pmatrix} 4 \\ 8 \\ -2 \end{pmatrix}\right]^2 = 5^2$$

7.3 Lagebeziehungen und Abstände

Kreis - Punkt

Um die Lage zu beurteilen, berechnen wir den Abstand des Punktes P vom Mittelpunkt M des Kreises mit $d(M;P) = \sqrt{(x_1 - x_M)^2 + (y_1 - y_M)^2}$. Dann ist ein beliebiger Punkt $P(x_1|y_1)$

- ein Punkt des Kreises, wenn $d(M;P) = r$ gilt.
- ein innerer Punkt des Kreises, wenn $d(M;P) < r$ gilt.
- ein ist äußerer Punkt des Kreises, wenn $d(M;P) > r$ gilt.

Beispiel Gegeben ist die Kreislgeichung $k: (x-4)^2 + (y+1)^2 = 49$ und der Punkt $P(-8|4)$. Wir möchten jetzt den Abstand von P zum Kreis k bestimmen.

Dem Aufgabentext können wir entnehmen, dass der Mittelpunkt des Kreises bei $M(4|-1)$ liegt und der Kreis einen Radius von $r = 7$ hat. Der Abstand des Punktes vom Kreis beträgt

$$\begin{aligned} d(M;P) &= \sqrt{(-8-4)^2 + (4-(-1))^2} \\ &= \sqrt{169} = 13 \end{aligned}$$

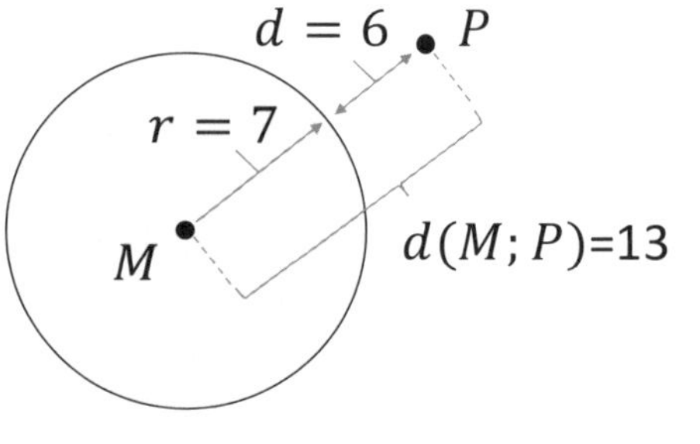

und damit liegt der Punkt außerhalb des Kreises, da gilt: $d(M;P) = 13 > 7 = r$. Da der Punkt außerhalb liegt, wird der Radius des Kreises abgezogen und damit ist der Abstand des Punktes vom Kreis $d(P;k) = 13 - 7 = 6$.

Kreis - Gerade

Gegeben seien ein Kreis k in Koordinatenform und eine Gerade beschrieben durch $g:\ y = mx + b$. Wie können Kreis und Gerade zueinander liegen?

1. Gerade schneidet Kreis in zwei Punkten S_1 und S_2, sie ist *Sekante* des Kreises.
2. Gerade berührt Kreis in einem Punkt B, sie ist *Tangente* des Kreises.
3. Gerade schneidet Kreis nicht, sie ist *Passante* des Kreises.

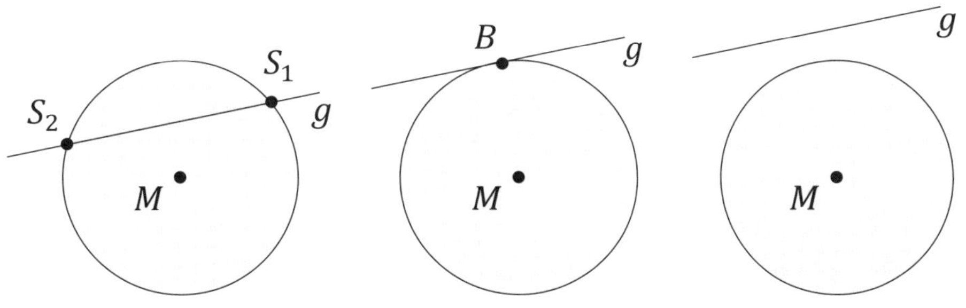

Abb. 7.1: Drei verschiedene Lagebeziehungen von Kreis und Gerade.

Zur Lagebestimmung wird die Geradengleichung in die Kreisgleichung für y eingesetzt:

$$(x - x_M)^2 + ([mx + b] - y_M)^2 = r^2$$

Wenn die Gleichung

- zwei Lösungen hat, dann schneidet die Gerade den Kreis in zwei Schnittpunkten und man kann die Schnittpunkte S_1 und S_2, sowie die Länge der Sekante $\overline{S_1S_2}$ von Kreis und Gerade berechnen.
- genau eine Lösung hat, dann berührt die Gerade den Kreis in einem Berührpunkt B.
- keine Lösung hat, dann schneidet die Gerade den Kreis nicht und der Abstand d von Gerade und Kreis kann berechnet werden: $d(g;k) = d(g;M) - r$, wobei der Abstand von der Gerade und dem Mittelpunkt am besten über die Hessesche Normalform berechnet werden sollte.

Beispiel Sekante Gegeben sei die Gerade $y = x + 3$ und die Kreisgleichung $k: (x-3)^2 + (y+1)^2 = 25$. Wie liegen Gerade und Kreis zueinander?

Wir setzen die Geradengleichung in die Kreisgleichung ein

$$(x-3)^2 + (x+3+1)^2 = 25 \quad \Leftrightarrow \quad 2x^2 + 2x = 0$$

und lösen nach der Unbekannten x mit den uns bekannten Verfahren auf. Wir erhalten zwei Lösungen mit $x_1 = 0$ und $x_2 = -1$. Damit schneidet die Gerade den Kreis in zwei Punkten und ist eine Sekante des Kreises. Wenn wir die Lösungen für x in die Geradengleichung einsetzen, erhalten wir die Schnittpunkte der Gerade mit dem Kreis: $S_1(0|3)$ und $S_2(-1|2)$.

Beispiel Passante Gegeben sei die Gerade $y = x + 3$ und die Kreisgleichung $k : (x - 4)^2 + (y + 1)^2 = 9$. Wie liegen Gerade und Kreis zueinander?

Wir setzen die Geradengleichung in die Kreisgleichung ein

$$(x-4)^2 + (x+3+1)^2 = 25 \quad \Leftrightarrow \quad x^2 = -23 \ \lightning$$

und lösen nach der Unbekannten x mit den uns bekannten Verfahren auf. Wir sehen, dass die quadratische Gleichung keine Lösung hat, da wir keine Wurzel aus einer negativen Zahl ziehen können. Damit schneidet die Gerade den Kreis nicht und ist Passante des Kreises. Wir berechnen noch den Abstand der Gerade vom Kreis mit der Hesseschen Normalform (kurz: HNF).

Die Geradengleichung schreiben wir um, in dem wir alles nach links bringen und teilen sie durch den Betrag vom Normalenvektor. Die HNF der Geraden lautet:

$$g : \frac{-x + y - 3}{\sqrt{(-1)^2 + 1^2}} = 0$$

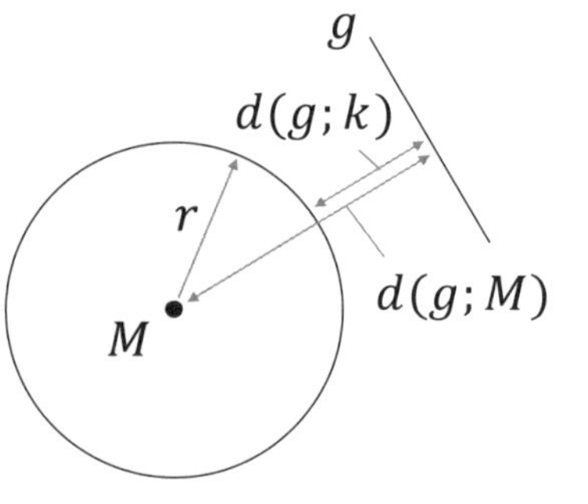

Wir setzen zunächst den Mittelpunkt des Kreises mit $M(4|-1)$ in die Geradengleichung einsetzen und erhalten den Abstand des Kreises zum Mittelpunkt mit

$$d(g; M) = \left| \frac{-4 - 1 - 3}{\sqrt{2}} \right| = \frac{8}{\sqrt{2}} \approx 5,6.$$

Der Abstand von Gerade zu Kreis beträgt demnach $d(g; k) = 5,6 - 3 = 2,6$.

Kugel - Punkt

Um die Lage zu beurteilen, berechnen wir den Abstand des Punktes P vom Mittelpunkt M der Kugel mit $d(M; P) = \sqrt{(x_1 - x_M)^2 + (y_1 - y_M)^2 + (z_1 - z_M)^2}$. Dann liegt ein beliebiger Punkt $P(x_1|y_1|z_1)$

- auf der Kugel, wenn $d(M; P) = r$ gilt.
- innerhalb der Kugel, wenn $d(M; P) < r$ gilt.
- außerhalb der Kugel, wenn $d(M; P) > r$ gilt.

Hinweis: Eine Kugel ist in der Vektorgeometrie immer eine Hohlkugel. Das bedeutet, dass das Innere nicht zur Kugel gehört. Die Kugelgleichung beschreibt also nur die Kugeloberfläche!

Kugel - Gerade

Gegeben seien eine Kugel K in Koordinatenform und eine Gerade beschrieben durch $g : \vec{x} = \vec{a} + t \cdot \vec{r}$. Wie können Kugel und Gerade zueinander liegen?

1. Gerade schneidet Kugel in zwei Punkten, sie ist *Sekante* der Kugel.
2. Gerade berührt Kugel in einem Punkt, sie ist *Tangente* der Kugel.
3. Gerade schneidet Kugel nicht, sie ist *Passante* der Kugel.

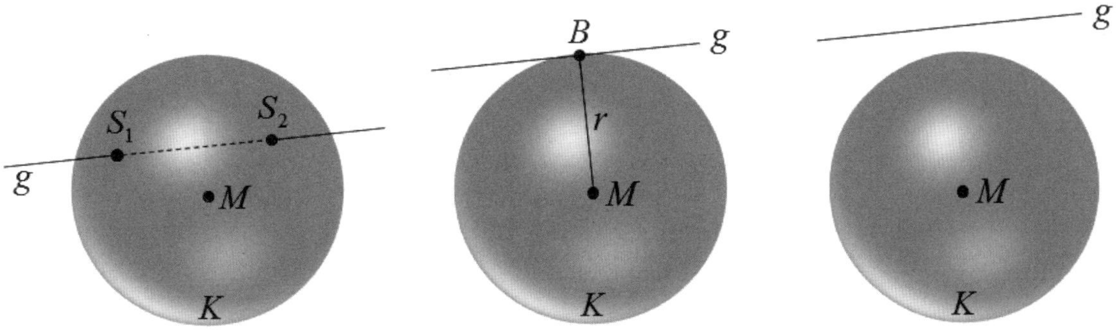

Abb. 7.2: Drei verschiedene Lagebeziehungen von Kugel und Gerade.

Zur Lagebestimmung wird die Geradengleichung in 3 Gleichungen $x = a_1 + tr_1$, $y = a_2 + tr_2$, $z = a_3 + tr_3$ unterteilt und in die Kugelgleichung eingesetzt:

$$([a_1 + tr_1] - x_M)^2 + ([a_2 + tr_2] - y_M)^2 + ([a_3 + tr_3] - z_M)^2 = r^2$$

Es resultiert immer eine quadratische Gleichung. Wenn die Gleichung

- zwei Lösungen hat, dann schneidet die Gerade die Kugel in zwei Schnittpunkten und man kann die Schnittpunkte S_1 und S_2, sowie die Länge der Sekante $\overline{S_1S_2}$ von Kugel und Gerade berechnen.
- genau eine Lösung hat, dann berührt die Gerade die Kugel in einem Berührpunkt B.
- keine Lösung hat, dann schneidet die Gerade die Kugel nicht und der Abstand d von Gerade und Kugel könnte berechnet werden.

Beispiel Berührpunkt Untersuche die Lage der Kugel k mit der Geraden g mit

$$k : (x+1) + (y-3) + (z+2)^2 = 27 \text{ und } g : \vec{x} = \begin{pmatrix} -1 \\ -4 \\ 0 \end{pmatrix} + t \cdot \begin{pmatrix} 3 \\ 4 \\ 1 \end{pmatrix}.$$

Wir befolgen das obige Vorgehen zur Lagebestimmung und setzen die Geradengleichung in die Kugelgleichung ein:

$$(-1+3t+1)^2 + (-4+4t-3)^2 + (t+2)^2 = 27 \quad \Leftrightarrow \quad t^2 - 2t + 1 = 0$$

Wir erhalten die einzige Lösung $t = 1$. Damit berührt die Gerade die Kugel in einem Berührpunkt und ist Tangente der Kugel. Wenn wir die Lösungen für t in die Geradengleichung einsetzen, erhalten wir den Berührpunkt: $B(2|0|1)$.

Kugel - Ebene

Wie können Kugel und Ebene zueinander liegen?

1. Die Ebene schneidet die Kugel in einem Schnittkreis.
2. Die Ebene berührt die Kugel in einem Punkt - Tangentialebene.
3. Die Ebene und die Kugel schneiden sich nicht.

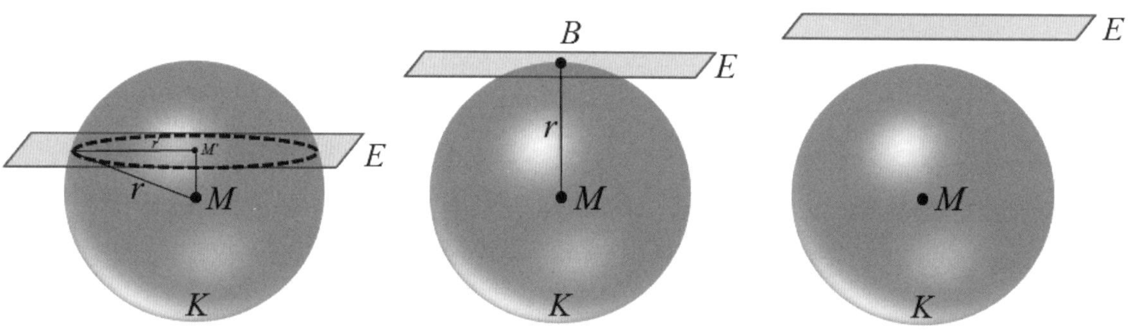

Abb. 7.3: Drei verschiedene Lagebeziehungen von Kugel und Ebene.

Gegeben sei die Ebene $E : n_1x_1 + n_2x_2 + n_3x_3 - q = 0$ und die Kugel mit dem Mittelpunkt M und dem Radius r. Den Abstand von Kugel und Ebene erhalten wir durch die Gleichung

$$d(M; E) = \left| \frac{n_1m_1 + n_2m_2 + n_3m_3 - q}{\sqrt{n_1^2 + n_2^2 + n_3^2}} \right|,$$

wobei m_1, m_2 und m_3 die Koordinaten des Mittelpunktes des Kreises K sind. Wenn der berechnete Abstand d

- kleiner als r ist, schneiden sich Kugel und Ebene in einem Schnittkreis.
- gleich r ist, besitzen Kugel und Ebene genau einen gemeinsamen Punkt, den Berührpunkt B. Die Ebene E ist dann eine Tangentialebene der Kugel K.
- größer als r ist, so besitzen Kugel und Ebene keine gemeinsamen Punkte.

Wenn nach dem Schnittkreis gefragt wird, reicht es in der Regel den Mittelpunkt und den Radius des Kreises anzugeben. Hierfür solltet ihr folgende Schritte durchführen.

Vorgehen beim Schnittkreis:

- Lotgerade aufstellen: Geradengleichung in Parameterform durch Kugelmittelpunkt M mit dem Normalenvektor $\vec{n}$ von der Ebene E als Richtungsvektor:

$$g : \vec{x} = \vec{m} + t \cdot \vec{n}$$

- Schnittpunkt von Lotgerade und Ebene E berechnen, indem wir die Gerade g in 3 Gleichungen umschreiben und in die Ebenengleichung einsetzen. Die resultierende Gleichung nach dem Parameter s umstellen.

$$n_1 \cdot (m_1 + t \cdot n_1) + n_2 \cdot (m_2 + t \cdot n_2) + n_3 \cdot (m_3 + t \cdot n_3) - q = 0$$

- Einsetzen des gefundenen Wertes t in Gleichung der Lotgeraden g! Wir erhalten den Ortsvektor $\vec{m'}$ des Schnittkreismittelpunktes M'.
- Radius r' des Schnittkreises ergibt sich mit dem Kugelradius r und dem Abstand $d = d(M; M')$ nach dem guten alten Satz des Pythagoras:

$$r^2 = r'^2 + d^2 \quad \Rightarrow \quad r' = \sqrt{r^2 - d^2}$$

Ein Berührpunkt von E und K wird entsprechend als Schnittpunkt der Lotgeraden mit der Ebene E berechnet.

Beispiel Schnittkreis Bestimme den Mittelpunkt und den Radius des Schnittkreises von

$$k : (x-1)^2 + (y-9)^2 + (z-4)^2 = 85 \text{ und } E : 6x - 2y + 3z = 49.$$

Zunächst stellen wir also die Lotgerade g auf mit dem Kugelmittelpunkt als Ortsvektor und dem Normalenvektor der Ebene als Richtungsvektor. Es folgt:

$$g : \vec{x} = \begin{pmatrix} 1 \\ 9 \\ 4 \end{pmatrix} + t \cdot \begin{pmatrix} 6 \\ -2 \\ 3 \end{pmatrix}$$

Für den Schnittpunkt mit der Ebene setzen wir die Lotgerade in die Ebenengleichung ein

$$6 \cdot (1 + 6t) - 2 \cdot (9 - 2t) + 3 \cdot (4 + 3t) = 49 \quad \Leftrightarrow \quad t = 1$$

und erhalten die Lösung $t = 1$. Für den Mittelpunkt des Schnittkreises setzen wir $t = 1$ in die Geradengleichung ein und erhalten $M'(7|7|7)$. Der Radius des Schnittkreises beträgt demnach

$$\text{mit } d = \left|\begin{pmatrix} 6 \\ -2 \\ 3 \end{pmatrix}\right| = \sqrt{49} \Rightarrow r' = \sqrt{\sqrt{85}^2 - \sqrt{49}^2} = \sqrt{85-49} = 6.$$

Kugel - Kugel

Die gegenseitige Lage zweier Kugeln K_1 und K_2 mit den Radien r_1 und r_2 wird durch den Abstand d der Mittelpunkte M_1 und M_2 bestimmt: $d(M_1; M_2) = |\overrightarrow{M_1M_2}|$. Hier gibt es fünf mögliche Fälle:

1. $d > r_1 + r_2 \Rightarrow$ Die Kugeln haben keine gemeinsamen Punkte.

   Abstand: $d(K_1; K_2) = d(M_1; M_2) - (r_1 + r_2)$
2. $d = r_1 + r_2 \Rightarrow$ Die Kugeln berühren sich von außen in einem Punkt.
3. $|r_1 - r_2| < d < r_1 + r_2 \Rightarrow$ Die Kugeln schneiden sich in einem Schnittkreis.
4. $d = |r_1 - r_2| \Rightarrow$ Die Kugeln berühren sich von innen in einem Punkt.
5. $d < |r_1 - r_2| \Rightarrow$ Die Kugeln liegen inneinander.

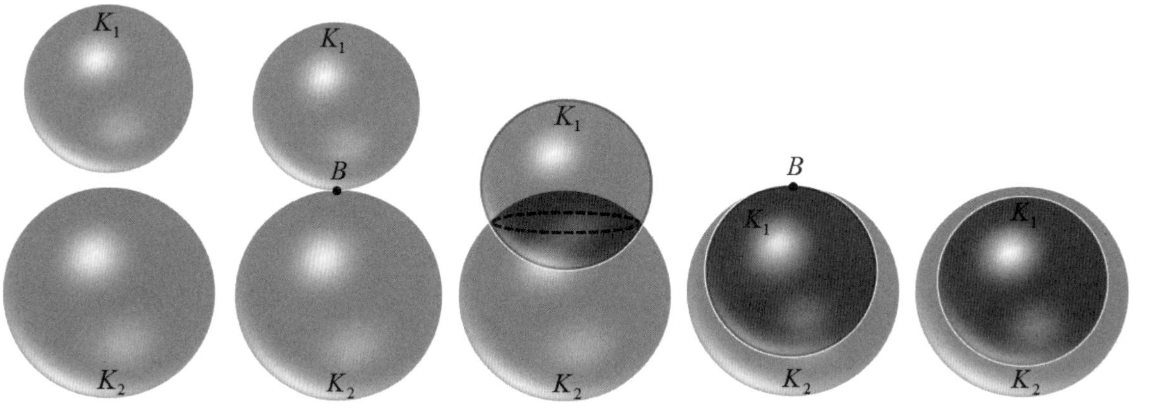

8 Lineare Algebra: Grundlagen

8.1 Aufbau einer Matrix

Eine Matrix besteht aus m Zeilen und n Spalten und wird (m, n)-Matrix genannt. Die Dimension einer Matrix mit m Zeilen und n Spalten ist $m \times n$.

$$A = \begin{pmatrix} a_{11} & a_{12} & \cdots & a_{1n} \\ a_{21} & a_{22} & \cdots & a_{2n} \\ \vdots & \vdots & \ddots & \vdots \\ a_{m1} & a_{m2} & \cdots & a_{mn} \end{pmatrix}$$

Die Elemente einer Matrix bezeichnet man auch als Koeffizienten! Besondere Matrizen sind:

- Quadratische Matrizen: $m = n$
- Nullmatrix: Alle Elemente der Matrix sind Null!
- Einheitsmatrix: Elemente der Hauptdiagonalen gleich Eins und alle anderen Elemente gleich Null!
- Diagonalmatrix: alle Elemente, außer die Elemente der Hauptdiagonalen, sind gleich Null.
- Stochastische Matrix, auch Übergangsmatrix genannt, ist eine quadratische Matrix, deren Zeilen- oder Spaltensummen Eins betragen und deren Elemente zwischen Null und Eins liegen.

8.2 Rechnen mit Matrizen

8.2.1 Matrizen addieren/subtrahieren

Die Addition/Subtraktion von Matrizen lässt sich durchführen, wenn die beiden Matrizen jeweils vom gleichen Typ sind, also die gleiche Zeilen- und Spaltenanzahl haben. Man addiert/subtrahiert jeweils die entsprechenden Elemente der beiden Matrizen. Gegeben sind die Matrizen A und B

$$A = \begin{pmatrix} a_{11} & a_{12} \\ a_{21} & a_{22} \end{pmatrix}; \qquad B = \begin{pmatrix} b_{11} & b_{12} \\ b_{21} & b_{22} \end{pmatrix}$$

Allgemein:

$$A \pm B = \begin{pmatrix} a_{11} \pm b_{11} & a_{12} \pm b_{12} \\ a_{21} \pm b_{21} & a_{22} \pm b_{22} \end{pmatrix}$$

Die Addition von Matrizen ist, ebenso wie eine normale Addition, kommutativ, d.h. die Reihenfolge der Matrizen ist beliebig: $A + B = B + A$. Subtraktion ist analog!

8.2.2 Zahl mal Matrix

Eine Matrix A wird mit einer reellen Zahl r (auch Skalar genannt) multipliziert, indem man jedes Element von A mit r multipliziert:

$$r \cdot \underbrace{\begin{pmatrix} 3 & 2 \\ 4 & 5 \end{pmatrix}}_{A} = \begin{pmatrix} 3 \cdot r & 2 \cdot r \\ 4 \cdot r & 5 \cdot r \end{pmatrix}$$

8.2.3 Matrix mal Vektor

Damit eine solche Matrix-Vektor-Multiplikation durchgeführt werden kann, muss die Spaltenzahl der Matrix mit der Zahl der Komponenten des Vektors übereinstimmen. Gegeben sei die reelle Matrix A und der reelle (Spalten-)Vektor x

$$A = \begin{pmatrix} 3 & 2 & 1 \\ 1 & 0 & 2 \end{pmatrix} \in \mathbb{R}^{2\times 3} \quad \text{und} \quad x = \begin{pmatrix} 1 \\ 0 \\ 4 \end{pmatrix} \in \mathbb{R}^{3\times 1}.$$

Da die Matrix A ebenso viele Spalten besitzt, wie der Vektor x Zeilen hat, ist das Matrix-Vektor-Produkt $A \cdot x$ durchführbar. Nachdem A zwei Zeilen hat wird der Ergebnisvektor y ebenfalls zwei Elemente aufweisen. Um das erste Element des Ergebnisvektors zu berechnen, betrachtet man die erste Zeile von A, multipliziert die jeweils entsprechenden Einträge dieser Zeile mit denen des Ausgangsvektors und summiert die Ergebnisse auf (die Sternchen stehen für noch nicht berechnete Elemente):

$$A \cdot x = \begin{pmatrix} 3 & 2 & 1 \\ 1 & 0 & 2 \end{pmatrix} \cdot \begin{pmatrix} 1 \\ 0 \\ 4 \end{pmatrix} = \begin{pmatrix} 3 \cdot 1 + 2 \cdot 0 + 1 \cdot 4 \\ * \end{pmatrix} = \begin{pmatrix} 7 \\ * \end{pmatrix}$$

Für das zweite Element des Ergebnisvektors betrachtet man entsprechend die zweite Zeile von A und berechnet analog:

$$A \cdot x = \begin{pmatrix} 3 & 2 & 1 \\ 1 & 0 & 2 \end{pmatrix} \cdot \begin{pmatrix} 1 \\ 0 \\ 4 \end{pmatrix} = \begin{pmatrix} 7 \\ 1 \cdot 1 + 0 \cdot 0 + 2 \cdot 4 \end{pmatrix} = \begin{pmatrix} 7 \\ 9 \end{pmatrix}$$

8.2.4 Matrix mal Matrix

Um zwei Matrizen miteinander multiplizieren zu können, muss die Spaltenzahl der ersten Matrix mit der Zeilenzahl der zweiten Matrix übereinstimmen. Gegeben seien die beiden reellen Matrizen

$$A = \begin{pmatrix} 3 & 2 & 1 \\ 1 & 0 & 2 \end{pmatrix} \in \mathbb{R}^{2\times 3} \quad \text{und} \quad B = \begin{pmatrix} 1 & 2 \\ 0 & 1 \\ 4 & 0 \end{pmatrix} \in \mathbb{R}^{3\times 2}.$$

Da die Matrix A ebenso viele Spalten wie die Matrix B Zeilen besitzt, ist die Matrizenmultiplikation $A \cdot B$ durchführbar. Nachdem A zwei Zeilen und B zwei Spalten hat, wird das Matrizenprodukt ebenfalls zwei Zeilen und Spalten aufweisen. Zur Berechnung des ersten Matrixelements der Ergebnismatrix werden die Produkte der entsprechenden Einträge der ersten Zeile von A und der ersten Spalte von B aufsummiert (die Sternchen stehen für noch nicht berechnete Elemente):

$$\begin{pmatrix} 3 & 2 & 1 \\ 1 & 0 & 2 \end{pmatrix} \cdot \begin{pmatrix} 1 & 2 \\ 0 & 1 \\ 4 & 0 \end{pmatrix} = \begin{pmatrix} 3\cdot 1 + 2\cdot 0 + 1\cdot 4 & * \\ * & * \end{pmatrix} = \begin{pmatrix} 7 & * \\ * & * \end{pmatrix}$$

Für das nächste Element der Ergebnismatrix in der ersten Zeile und zweiten Spalte wird entsprechend die erste Zeile von A und die zweite Spalte von B verwendet:

$$\begin{pmatrix} 3 & 2 & 1 \\ 1 & 0 & 2 \end{pmatrix} \cdot \begin{pmatrix} 1 & 2 \\ 0 & 1 \\ 4 & 0 \end{pmatrix} = \begin{pmatrix} 7 & 3\cdot 2 + 2\cdot 1 + 1\cdot 0 \\ * & * \end{pmatrix} = \begin{pmatrix} 7 & 8 \\ * & * \end{pmatrix}$$

Dieses Rechenschema setzt sich nun in der zweiten Zeile und ersten Spalte fort:

$$\begin{pmatrix} 3 & 2 & 1 \\ 1 & 0 & 2 \end{pmatrix} \cdot \begin{pmatrix} 1 & 2 \\ 0 & 1 \\ 4 & 0 \end{pmatrix} = \begin{pmatrix} 7 & 8 \\ 1\cdot 1 + 0\cdot 0 + 2\cdot 4 & * \end{pmatrix} = \begin{pmatrix} 7 & 8 \\ 9 & * \end{pmatrix}$$

Es wiederholt sich bei dem letzten Element in der zweiten Zeile und zweiten Spalte:

$$\begin{pmatrix} 3 & 2 & 1 \\ 1 & 0 & 2 \end{pmatrix} \cdot \begin{pmatrix} 1 & 2 \\ 0 & 1 \\ 4 & 0 \end{pmatrix} = \begin{pmatrix} 7 & 8 \\ 9 & 1\cdot 2 + 0\cdot 1 + 2\cdot 0 \end{pmatrix} = \begin{pmatrix} 7 & 8 \\ 9 & 2 \end{pmatrix}$$

Das Ergebnis ist das Matrizenprodukt $A \cdot B$.

8.3 Vom LGS zur Matrix

Um Schreibarbeit zu sparen und das Ganze übersichtlicher zu halten, kann man ein lineares Gleichungssystem in Kurzform angeben! Aus dem LGS

$$\begin{aligned} -1x_1 + 2x_2 + 0x_3 &= 0 \\ 1x_1 + 1x_2 + 1x_3 &= 34 \\ 10x_1 + 5x_2 + 1x_3 &= 100 \end{aligned}$$

folgt das LGS in Kurzform mit

$$\begin{pmatrix} -1 & 2 & 0 \\ 1 & 1 & 1 \\ 10 & 5 & 1 \end{pmatrix} \cdot \begin{pmatrix} x_1 \\ x_2 \\ x_3 \end{pmatrix} = \begin{pmatrix} 0 \\ 34 \\ 100 \end{pmatrix}$$

bzw. als erweiterte Matrix

$$\left(\begin{array}{ccc|c} -1 & 2 & 0 & 0 \\ 1 & 1 & 1 & 34 \\ 10 & 5 & 1 & 100 \end{array} \right).$$

9 Austauschprozesse

Eine typische Aufgabe in Klausuren ist das Thema Austauschprozesse. Hierbei sind einige Dinge zu beachten. In der Regel ist ein Übergangsgraph gegeben, aus dem ihr eine Matrix erstellen sollt. Achtet immer auf den Zeitraum, der angegeben ist. Das ist wichtig für eure Antworten (z.B. monatlich, Woche zu Woche etc.)! Es kann auch sein, dass die Matrix gegeben ist und ihr den Übergangsgraphen zeichnen sollt. Am sinnvollsten ist es, als Zwischenschritt eine Tabelle aufzustellen, damit das Fehlerrisiko reduziert wird. Im Folgenden werden wir die einzelnen Komponenten zum Thema Austauschprozesse erläutern.

9.1 Übergangsgraph/-diagramm

Übergangsgraphen sind spezielle gerichtete Graphen mit sogenannten Kantengewichten, die eine Verbindung zwischen Stochastik und Graphentheorie schlagen. In der folgenden Abbildung ist ein Übergangsgraph bzw. ein Übergangsdiagramm dargestellt, der die wöchentliche Wahl des Lieblingsfaches darstellen soll. Wichtig ist die zeitliche Angabe - hier: wöchentlich! Aus diesem Graphen lässt sich eine Tabelle erstellen. Achte auf die Zuordnung: *von* - *nach*!

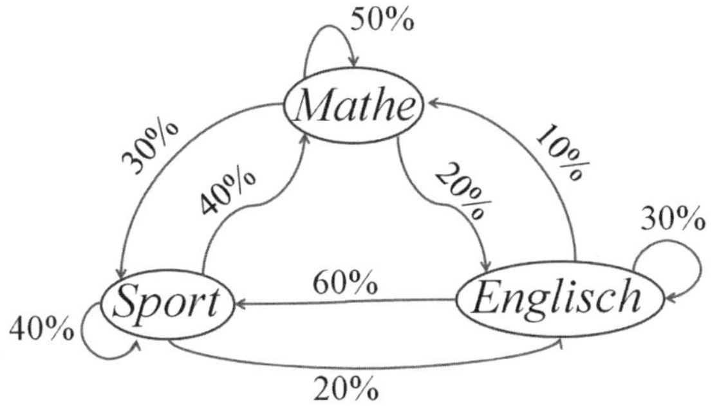

$\Leftrightarrow$

		von		
		M	S	E
	M	0,5	0,4	0,1
nach	S	0,3	0,4	0,6
	E	0,2	0,2	0,3
	$\sum$	1	1	1

Wichtig hierbei ist, dass die Spaltensumme immer 1 ergeben muss! Wenn nicht, kontrolliert dann nochmal, ob ihr alles richtig gemacht habt.

9.2 Übergangsmatrix ablesen

Aus dieser Tabellenform müssen wir nun auf die Übergangsmatrix M kommen. Im Prinzip steht die Matrix da schon! Einfach die Zahlenwerte hinschreiben, Klammer drum und fertig!

Doch wie werden die Koeffizienten der Übergangsmatrix interpretiert? Wir betrachten die Koeffizienten m_{11} und m_{23} und versuchen diese zu interpretieren.

	M	S	E
M	0,5	0,4	0,1
S	0,3	0,4	0,6
E	0,2	0,2	0,3

$$\Leftrightarrow \begin{pmatrix} 0,5 & 0,4 & 0,1 \\ 0,3 & 0,4 & 0,6 \\ 0,2 & 0,2 & 0,3 \end{pmatrix}$$

- m_{11} - von Mathe zu Mathe: Schüler, die Mathe als Lieblingsfach gewählt haben, werden in der nächsten Woche mit einer 50-prozentigen Wahrscheinlichkeit wieder Mathe als Lieblingsfach wählen.
- m_{23} - von Englisch zu Sport: Schüler, die Englisch als Lieblingsfach gewählt haben, werden in der nächsten Woche mit einer 60-prozentigen Wahrscheinlichkeit Sport als Lieblingsfach wählen.

9.3 Zeitlich Vorwärtsrechnen

Wenn wir nun wissen wollen, was in der nächsten Woche passiert, stellen wir folgende Gleichung auf:

$$\begin{pmatrix} 0,5 & 0,4 & 0,1 \\ 0,3 & 0,4 & 0,6 \\ 0,2 & 0,2 & 0,3 \end{pmatrix} \cdot \underbrace{\begin{pmatrix} m \\ s \\ e \end{pmatrix}}_{\substack{\text{Verteilung} \\ \text{JETZT}}} = \underbrace{\begin{pmatrix} m' \\ s' \\ e' \end{pmatrix}}_{\substack{\text{Verteilung beim} \\ \text{nächsten Mal}}} \tag{9.1}$$

Der Vektor $(m\ s\ e)^T$ gibt die Verteilung der Lieblingsfächer Mathe, Sport und Englisch zum Zeitpunkt „jetzt“ an. Oft findet ihr in Büchern oder Aufgaben eine allgemeinere Form:

$$\begin{pmatrix} & \cdots & \\ \vdots & \ddots & \\ & & \end{pmatrix} \cdot \begin{pmatrix} x \\ y \\ z \end{pmatrix} = \begin{pmatrix} x' \\ y' \\ z' \end{pmatrix}$$

Wichtig ist, dass der Vektor $(x, y, z)^T$ die gleiche Reihenfolge wie in der Tabelle hat!

Was passiert, wenn wir die Verteilung beim übernächsten Mal $(x''\ y''\ z'')^T$ bestimmen wollen? Hier gibt es zwei Möglichkeiten:

1. Möglichkeit:

$$M \cdot \begin{pmatrix} x \\ y \\ z \end{pmatrix} = \begin{pmatrix} x' \\ y' \\ z' \end{pmatrix} \quad \text{und dann} \quad M \cdot \begin{pmatrix} x' \\ y' \\ z' \end{pmatrix} = \begin{pmatrix} x'' \\ y'' \\ z'' \end{pmatrix}$$

2. Möglichkeit: Übergangsmatrix M im Vorfeld multiplizieren (siehe Abschnitt Matrix mal Matrix).

$$M \cdot M = M^2 \quad \Rightarrow \quad M^2 \cdot \begin{pmatrix} x \\ y \\ z \end{pmatrix} = \begin{pmatrix} x'' \\ y'' \\ z'' \end{pmatrix},$$

wobei wir bei der Interpretation der Koeffizienten der Übergangsmatrix M^2 aufpassen müssen. Diese beschreibt nun nicht mehr die wöchentlichen Übergangswahrscheinlichkeiten zur Wahl des Lieblingsfaches, sondern die für 2 Wochen! Der Zeitraum hat sich geändert.

9.4 Zeitlich Rückwärtsrechnen (mit LGS oder Inverse)

Wie war es beim letzten Mal? Diese Frage kann theoretisch auch vorkommen und sollte für euch kein Problem darstellen. Bleiben wir bei unserem Beispiel mit dem Lieblingsfach. Die Übergangsmatrix M entnehmen wir von oben, die Verteilung der Lieblingsfächer zum jetzigen Zeitpunkt sei 20 für Mathe, 10 für Sport, 3 bei Englisch. Wir betrachten nun Gl. (9.1) und tragen die gegebenen Werte wie folgt ein:

$$\begin{pmatrix} 0,5 & 0,4 & 0,1 \\ 0,3 & 0,4 & 0,6 \\ 0,2 & 0,2 & 0,3 \end{pmatrix} \cdot \underbrace{\begin{pmatrix} m \\ s \\ e \end{pmatrix}}_{\text{Verteilung letzte Woche}} = \underbrace{\begin{pmatrix} 20 \\ 10 \\ 3 \end{pmatrix}}_{\text{Verteilung in dieser Woche}}$$

Wir haben nun folgende Möglichkeiten:

1. LGS aufstellen und lösen - am einfachsten mit dem Taschenrechner!
2. Gleichung $M \cdot \vec{x}_{vor} = \vec{x}$ umstellen zu $\vec{x}_{vor} = M^{-1} \cdot \vec{x}$! Hierfür benötigen wir die Inverse der Matrix M. Anschließend können wir die Verteilung zum letzten Mal sehr einfach ausrechnen.

Einschub: Inverse Matrix bestimmen

Wenn man eine Matrix A mit ihrer inversen Matrix A^{-1} multipliziert, entsteht die Einheitsmatrix. Denkt an die Welt der normalen Zahlen: Multipliziert man eine Zahl mit ihrem Kehrwert, lautet das Ergebnis stets 1. Was für Zahlen funktioniert, geht auch ähnlich bei Matrizen. Es gilt: $A \cdot A^{-1} = A^{-1} \cdot A = 1$.

Im Wesentlichen gibt es zwei Verfahren zur Bestimmung der Inversen Matrix:

1. Inverse bestimmen mit Hilfe des Gauß-Jordan-Algorithmus.
2. Inverse bestimmen mit Hilfe der Adjunkten - nur sinnvoll bei 2×2 Matrizen!

$$A^{-1} = \frac{1}{\det(A)} \cdot \operatorname{adj}(A)$$

Vorgehen:

i. Berechne die Determinante $\det(A)$ von $A = \begin{pmatrix} a & b \\ c & d \end{pmatrix}$. Wenn die Determinante von A gleich Null ist, gibt es keine Inverse und du kannst mit dem Rechnen aufhören.

ii. Ist die Determinante von A ungleich Null, berechne die Adjunkte:

$$\operatorname{adj}(A) = \begin{pmatrix} d & -b \\ -c & a \end{pmatrix}$$

iii. Setze die Zwischenergebnisse in die Formel zur Berechnung der inversen Matrix ein.

Nur quadratische Matrizen können eine Inverse besitzen. Jedoch existiert nicht für jede quadratische Matrix eine Inverse. Falls für eine Matrix A die Inverse existiert, so heißt die Matrix *regulär* - andernfalls heißt sie *singulär*.

Rechenregeln:

- $(A \cdot B)^{-1} = B^{-1} \cdot A^{-1}$
- $\left(A^T\right)^{-1} = \left(A^{-1}\right)^T$
- $\left(A^{-1}\right)^{-1} = A$
- $(k \cdot A)^{-1} = k^{-1} \cdot A^{-1}$

Wenn wir eine 3×3 Matrix vorliegen haben, sollte man entweder seinen Taschenrechner bedienen können oder den guten Gauß-Jordan-Algorithmus beherrschen.

Beispiel Bestimme die Inverse zur reellen Matrix

$$A = \begin{pmatrix} 1 & 2 & 0 \\ 2 & 4 & 1 \\ 2 & 1 & 0 \end{pmatrix} \quad \Rightarrow \quad \begin{matrix} \text{I} \\ \text{II} \\ \text{III} \end{matrix} \left(\begin{array}{ccc|ccc} 1 & 2 & 0 & 1 & 0 & 0 \\ 2 & 4 & 1 & 0 & 1 & 0 \\ 2 & 1 & 0 & 0 & 0 & 1 \end{array}\right)$$

Die Idee ist es, die Einheitsmatrix von der rechten Seite auf die linke Seite zu bringen. Das schaffen wir, indem wir die linke Seite mit dem Additionsverfahren so verändern, dass nur auf der Diagonalen 1en stehen und sonst 0en. Zunächst werden hier die beiden 2-en in der ersten Spalte eliminiert, indem wir $\text{II} - 2 \cdot \text{I}$ und $\text{III} - 2 \cdot \text{I}$ rechnen. Nachdem in der zweiten Spalte nun eine 0 steht, wird zur Elimination der -3 die zweite mit der dritten Zeile vertauscht und man erhält die obere Dreiecksform:

$$\to \left(\begin{array}{ccc|ccc} 1 & 2 & 0 & 1 & 0 & 0 \\ 0 & 0 & 1 & -2 & 1 & 0 \\ 0 & -3 & 0 & -2 & 0 & 1 \end{array}\right) \to \left(\begin{array}{ccc|ccc} 1 & 2 & 0 & 1 & 0 & 0 \\ 0 & -3 & 0 & -2 & 0 & 1 \\ 0 & 0 & 1 & -2 & 1 & 0 \end{array}\right).$$

Nun muss lediglich die verbleibende 2 oberhalb der Diagonalen zu Null gesetzt werden, was durch Addition des Doppelten der zweiten Zeile zum Dreifachen der ersten Zeile geschieht. Schließlich muss noch die erste Zeile durch 3 und die zweite Zeile durch -3 dividiert werden und man erhält als Ergebnis:

$$\left(\begin{array}{ccc|ccc} 1 & 2 & 0 & 1 & 0 & 0 \\ 0 & -3 & 0 & -2 & 0 & 1 \\ 0 & 0 & 1 & -2 & 1 & 0 \end{array}\right) \to \left(\begin{array}{ccc|ccc} 3 & 0 & 0 & -1 & 0 & 2 \\ 0 & -3 & 0 & -2 & 0 & 1 \\ 0 & 0 & 1 & -2 & 1 & 0 \end{array}\right) \to \left(\begin{array}{ccc|ccc} 1 & 0 & 0 & -\frac{1}{3} & 0 & \frac{2}{3} \\ 0 & 1 & 0 & \frac{2}{3} & 0 & -\frac{1}{3} \\ 0 & 0 & 1 & -2 & 1 & 0 \end{array}\right).$$

Die Inverse von A ist demnach

$$A^{-1} = \begin{pmatrix} -\frac{1}{3} & 0 & \frac{2}{3} \\ \frac{2}{3} & 0 & -\frac{1}{3} \\ -2 & 1 & 0 \end{pmatrix} = \frac{1}{3} \begin{pmatrix} -1 & 0 & 2 \\ 2 & 0 & -1 \\ -6 & 3 & 0 \end{pmatrix}.$$

9.5 Begriff Fixvektor, stabiler Vektor

Ein Fixvektor beschreibt einen stabilen Zustand, also einen Zustand, der sich durch Anwenden der Übergangsmatrix nicht mehr ändert. Dieser Zustand wird auch „stationärer“ Zustand genannt. Häufig wird in Aufgaben verlangt, den Fixvektor zu einem gegebenem System zu bestimmen bzw. erst seine Existenz zu überprüfen.

Mathematisch betrachtet ist der Vektor $\vec{v} = (a\ b\ c)^T$ gesucht, für den gilt $M \cdot \vec{v} = \vec{v}$. Dieser kann (wenn es ihn denn gibt) aus dem zugehörigen Gleichungssystem allgemein bestimmt werden. In einem zweiten Schritt kann dann der zu einem gegebenen Zustandsvektor $\vec{v}_0 = (150\ 240\ 120)^T$ gehörige Fixvektor bestimmt werden.

Beispiel Gegeben sei folgende Übergangsmatrix M. Der Fixvektor ist gesucht.

$$M = \begin{pmatrix} 0,6 & 0,05 & 0,3 \\ 0,1 & 0,8 & 0,2 \\ 0,3 & 0,15 & 0,5 \end{pmatrix}$$

Aus der Bedingung $M \cdot \vec{v} = \vec{v}$ ergibt sich das folgende Gleichungssystem:

$$\begin{array}{rcrcrcll} 0,6a & + & 0,05b & + & 0,3c & = & a & \mid -a \\ 0,1a & + & 0,8b & + & 0,2c & = & b & \mid -b \\ 0,3a & + & 0,15b & + & 0,5c & = & c & \mid -c \end{array} \Leftrightarrow \begin{array}{rcrcrcl} -0,4a & + & 0,05b & + & 0,3c & = & 0 \\ 0,1a & - & 0,2b & + & 0,2c & = & 0 \\ 0,3a & + & 0,15b & - & 0,5c & = & 0 \end{array}$$

Wenn wir versuchen das LGS zu lösen, sei es per Hand oder mit dem TR, bekommen wir keine eindeutige Lösung heraus, sondern alles in Abhängigkeit einer Unbekannten.

Wichtig: Es gibt nur dann eine stationäre Verteilung, wenn die Lösung des Gleichungssystems eine wahre Aussage ist, z.B. $0 = 0$!

Wir geben die Lösung also in Abhängigkeit eines Parameters, hier c, an und erhalten damit den allgemeinen Fixvektor:

$$\vec{v} = \begin{pmatrix} a \\ b \\ c \end{pmatrix} = \begin{pmatrix} \frac{14}{15}c \\ \frac{22}{15}c \\ c \end{pmatrix}$$

Den zu unserem Zustandsvektor $\vec{v}_0$ gehörende Fixvektor bekommen wir, indem wir die Informationen aus $\vec{v}_0$ als weitere Gleichung dazu nehmen. Es gilt

$$a + b + c = 150 + 240 + 120 = 510 \quad \text{und damit auch} \quad \frac{14}{15}c + \frac{22}{15}c + c = 510$$

Wenn wir die Gleichung nach c auflösen erhalten wir für $c = 150$ und damit den Fixvektor $\vec{v}_F$ zum Zustandsvektor $\vec{v}_0$

$$\vec{v_F} = \begin{pmatrix} 140 \\ 220 \\ 150 \end{pmatrix}.$$

Eine weitere Möglichkeit den Fixvektor zu bestimmen, ist die wiederholte Multiplikation der Übergangsmatrix mit sich selbst. Wenn sich die Werte der Matrix stabilisieren, kann man Spaltenweise den Fixvektor ablesen. Beispiel:

$$M^{100} = \begin{pmatrix} 0,5 & 0,5 & 0,5 \\ 0,2 & 0,2 & 0,2 \\ 0,3 & 0,3 & 0,3 \end{pmatrix} \quad \Rightarrow \vec{v} = \begin{pmatrix} 0,5 \\ 0,2 \\ 0,3 \end{pmatrix}$$

10 Populationsprozesse

Ein typisches Beispiel für einen Populations- oder Entwicklungsprozess ist die Käferpopulation. Entweder sind hierfür Informationen im Text gegeben, aus denen wir einen Übergangsgraph erstellen können, oder wir haben den Übergangsgraph oder die Übergangsmatrix direkt gegeben. Betrachten wir hierfür folgendes Beispiel einer Käferpopulation.

Beispiel Das folgende Modell beschreibt die Entwicklung eines Käfers: Aus den Eiern schlüpfen nach einem Monat Larven, nach einem weiteren Monat werden diese zu Käfern, die nach einem Monat Eier legen und dann sterben. Aber nur aus einem Viertel der Eier werden Larven, die anderen Eier werden von Tieren gefressen oder verenden. Von den Larven wird die Hälfte zu Käfern, die andere Hälfte stirbt. Jeder Käfer legt 8 Eier.

Daraus ergibt sich folgender Übergangsgraph und folgende Populationsmatrix:

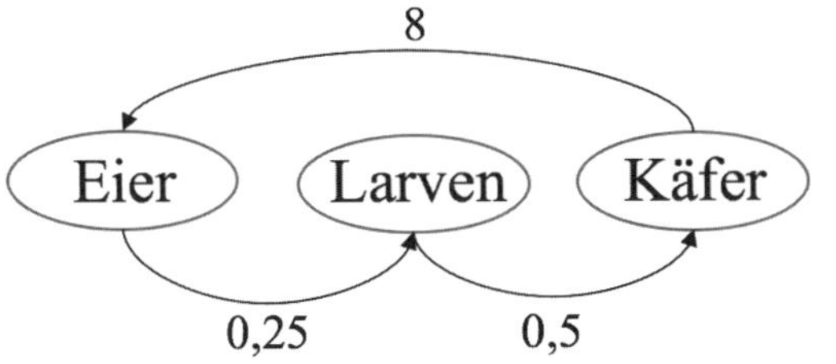

$\Leftrightarrow$

Populationsmatrix:

$$P = \begin{pmatrix} 0 & 0 & 8 \\ 0,25 & 0 & 0 \\ 0 & 0,5 & 0 \end{pmatrix}$$

In der ersten Zeile stehen mögliche *Vermehrungsraten*. Käfer können sich vermehren und 8 Eier pro Monat legen. In der zweiten und dritten Zeile stehen *Überlebensraten*. Eier können zu Larven werden mit einer Wahrscheinlichkeit von 25% (Überlebensrate). Larven können überleben und mit einer Wahrscheinlichkeit von 50% zu Käfern werden.

Achtung: Falls im Text eine *Sterberate* angegeben ist, müsst ihr in der Matrix die entsprechende *Überlebensrate* = 1−*Sterberate* eintragen!

Zurück zu unserem Beispiel: Wenn zu Beginn der Population jeweils 40 Eier, Larven und Käfer vorhanden waren, besteht die Population nach einem Monat aus

$$\begin{pmatrix} 0 & 0 & 8 \\ 0,25 & 0 & 0 \\ 0 & 0,5 & 0 \end{pmatrix} \cdot \begin{pmatrix} 40 \\ 40 \\ 40 \end{pmatrix} = \begin{pmatrix} 320 \\ 10 \\ 20 \end{pmatrix}$$

320 Eiern, 10 Larven und 20 Käfern.

Oft wird auch nach einem Anfangsbestand gefragt, der nach einem bestimmten Zeitraum unverändert ist. In unserem Beispiel sollen wir einen Anfangsbestand bestimmen, der nach einem Monat unverändert ist. Denkt hier an den Fixvektor, es gilt

$$\begin{pmatrix} 0 & 0 & 8 \\ 0,25 & 0 & 0 \\ 0 & 0,5 & 0 \end{pmatrix} \cdot \begin{pmatrix} e \\ l \\ k \end{pmatrix} = \begin{pmatrix} e \\ l \\ k \end{pmatrix} \quad \Leftrightarrow \quad \begin{pmatrix} e \\ l \\ k \end{pmatrix} = \begin{pmatrix} 8k \\ 2k \\ k \end{pmatrix}$$

Auch hier lässt sich das LGS nicht eindeutig lösen und wird drücken unsere Lösung in Abhängigkeit einer Variablen aus - hier alles in Abhängigkeit von Käfern k. Wir können uns nun für k eine Zahl aussuchen, damit möglichst schöne Ergebnisse raus kommen, sei also $k = 10$, dann lautet der Anfangsbestand, der sich nach einem Monat nicht ändert

$$\begin{pmatrix} e \\ l \\ k \end{pmatrix} = \begin{pmatrix} 80 \\ 20 \\ 10 \end{pmatrix}.$$

Was ist nun der Unterschied zu Austauschprozessen? Hier müssen die Spaltensummen in der Tabelle bzw. der Populationsmatrix nicht gleich 1 sein!

Zyklus bei Populationen

Gegeben sei dieser Aufbau einer Populationsmatrix, die wir dreimal miteinander multiplizieren. Das klappt aber nur bei Matrizen, die wie P aufgebaut sind.

$$P = \begin{pmatrix} 0 & 0 & a \\ b & 0 & 0 \\ 0 & c & 0 \end{pmatrix} \quad \Rightarrow \quad P^3 = \begin{pmatrix} a \cdot b \cdot c & 0 & 0 \\ 0 & a \cdot b \cdot c & 0 \\ 0 & 0 & a \cdot b \cdot c \end{pmatrix}$$

Wir haben also nur Einträge auf der Diagonalen. Gegeben wären jetzt die Werte $a = 60$, $b = 0,1$ und $c = 1/6$, dann erhalten wir die Einheitsmatrix

$$P^3 = \begin{pmatrix} 1 & 0 & 0 \\ 0 & 1 & 0 \\ 0 & 0 & 1 \end{pmatrix} \quad \Rightarrow \quad \begin{pmatrix} 1 & 0 & 0 \\ 0 & 1 & 0 \\ 0 & 0 & 1 \end{pmatrix} \cdot \begin{pmatrix} 40 \\ 30 \\ 70 \end{pmatrix} = \begin{pmatrix} 40 \\ 30 \\ 70 \end{pmatrix}$$

Was bedeutet das? Das hat jetzt nichts mit dem Fixvektor zu tun! Es bedeutet, dass bei einer 3×3 Matrix bei einem Zyklus von drei Zeitschritten der Anfangsbestand z.B. $(40\ 30\ 70)^T$ wieder erreicht ist. Was passiert, wenn

- $a \cdot b \cdot c = 1$? $\Rightarrow$ Population im Zyklus von drei Zeitschritten konstant.
- $a \cdot b \cdot c < 1$? $\Rightarrow$ Population stirbt aus!
- $a \cdot b \cdot c > 1$? $\Rightarrow$ exponentielles Wachstum der Population!

11 Produktionsprozesse

11.1 Das 1-Schritt-Verflechtungsmodell

Wir betrachten ein Unternehmen, welches aus 3 Rohstoffen 2 Produkte produziert. Der Produktionsprozess wird durch ein Diagramm dargestellt. Diese Darstellung nennt man *Gozintograph*. Man spricht auch von einer Materialverflechtung. Der Gozintograph ist ein gerichteter Graph, der beschreibt, aus welchen Teilen sich ein oder mehrere Produkte zusammensetzen. Der Produktionsprozess kann dabei mehrstufig sein, wobei der Input aus Rohstoffen, Halb- und Fertigteilen besteht. Im Gozintographen ist aufgeführt, wie diese Teile gegebenenfalls mengenmäßig verflochten sind. Dabei bezeichnen die Knoten die Teile und die gerichteten Kanten geben an, wie viele Einheiten eines Teiles in eine Einheit eines nachgelagerten Teiles einfließen.

Achtung: Hier ist das Lesen *von* - *nach* andersrum als bisher!

Jeder Knoten ist entweder

- Eingangsknoten - bei dem etwas in das System eintritt, z.B. Rohstoffe, oder
- Ausgangsknoten - bei dem etwas das System verlässt, zB. Endprodukte.

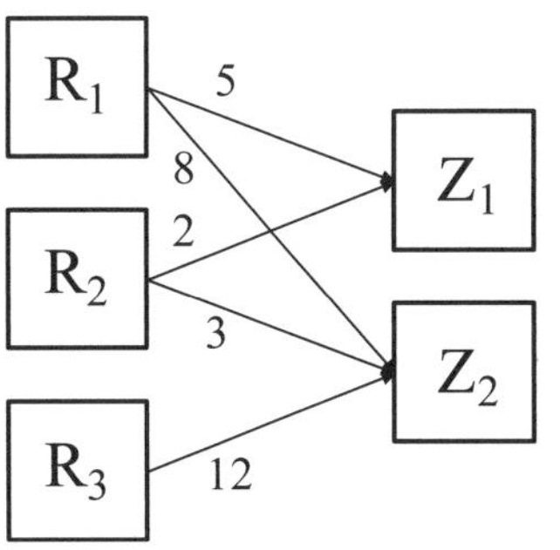

nach / von

$$V = \begin{array}{c} \\ R_1 \\ R_2 \\ R_3 \end{array} \begin{array}{c} \begin{array}{cc} Z_1 & Z_2 \end{array} \\ \begin{pmatrix} 5 & 8 \\ 2 & 3 \\ 0 & 12 \end{pmatrix} \end{array}$$

Die Zahlen an den Pfeilen können in einer spezifischen *Verbrauchsmatrix* V zusammengefasst werden. Man spricht auch von *Prozessmatrix*, *Verflechtungsmatrix* oder *Technologiematrix*. Interpretation der Elemente in der Matrix: v_{12} gibt z.B. den spezifischen Materialfluss von Quelle 1 (Rohstoff R_1) zum Ziel 2 (Produkt Z_2) an.

Wenn das Unternehmen also ein gewisses Produktionsziel erreichen will und den dazugehörigen Rohstoffbedarf ermitteln möchte, kann das durch die Beziehung

$$\underline{r} = V \cdot \underline{z}, \text{ mit } \underline{r} := \begin{pmatrix} R_1 \\ R_2 \\ R_3 \end{pmatrix} \text{ und } \underline{z} := \begin{pmatrix} Z_1 \\ Z_2 \end{pmatrix}$$

beschrieben werden. Natürlich kann auch die umgekehrte Situation vorkommen, wenn das Unternehmen sich fragt, wie viele Endprodukte mit gegebenem Rohstoffbestand $\underline{r}$ produziert werden können. Hierbei werden unterschieden:

1. Produktionen mit vollständigem Rohstoffverbrauch und
2. Produktionen mit teilweisem Rohstoffverbrauch.

11.2 Einfache Mehrschritt-Modelle

In der Praxis benötigen Produktionen meist zahlreiche Einzelschritte. Im einfachsten Fall können diese durch Zusammenschaltung von Einschrittmodellen beschrieben werden und wir erhalten ein Mehrschrittmodell. Die Zusammenschaltung funktioniert nur ohne zusätzliche Rechnung, wenn Brutto- und Nettoproduktion übereinstimmen.

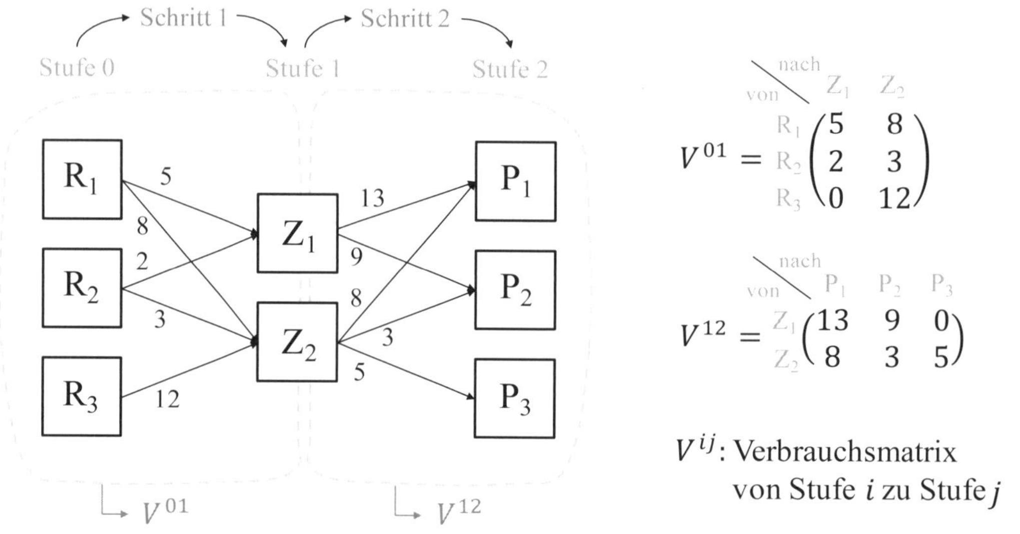

Abb. 11.1: Gozintograph für einen zweistufigen Produktionsprozess.

In Abbildung 11.1 ist ein zweistufiger Produktionsprozess dargestellt, wobei wir diesen als zwei 1-Schritt-Modelle auffassen. Die relevanten Zusammenhänge hierbei lauten:

$$\underline{r} = V^{01} \cdot \underline{z} \quad \text{und} \quad \underline{z} = V^{12} \cdot \underline{p} \quad \Rightarrow \quad \underline{r} = V^{01} \underbrace{\left(V^{12} \cdot \underline{p}\right)}_{=\underline{z}} = G \cdot \underline{p}$$

mit $G = V^{01} \cdot V^{12}$ als Produktmatrix.

12 Abbildungen

Ein zentrales Konzept der Mathematik ist die Abbildung, die auch Funktion genannt wird. Abbildungen sind eindeutige Zuordnungen zwischen zwei Mengen D und Z. Das bedeutet, dass jedem Element $x \in D$ durch die Abbildung f genau ein Element $f(x) \in Z$ zugeordnet wird.

$$\alpha : \underbrace{\begin{pmatrix} x_1' \\ x_2' \end{pmatrix}}_{\text{Neuer Punkt in Vektorschreibweise}} = \underbrace{\begin{pmatrix} 2 & 1 \\ 3 & 1 \end{pmatrix}}_{\text{Abbildungsmatrix}} \cdot \underbrace{\begin{pmatrix} x_1 \\ x_2 \end{pmatrix}}_{\text{Punkte in Vektorschreibweise einsetzen}} + \underbrace{\begin{pmatrix} 2 \\ 4 \end{pmatrix}}_{\text{evtl. Verschiebungsvektor}}$$

12.1 Mögliche Abbildungen

Ein bisher in der Schule eher selten behandeltes Thema sind die Abbildungen der Ebene und des Raumes. Darunter versteht man zum Beispiel Drehungen, Verschiebungen und Spiegelungen, die in der Mittelstufe rein zeichnerisch in der Ebene untersucht werden. Diese Abbildungen kann man natürlich auch rechnerisch darstellen, und zwar nicht nur in der Ebene, sondern auch im Raum. Geeignetes Mittel dafür sind Matrizen.

Wir werden uns hier nur lineare Abbildungen ansehen. Im Folgenden werden wir auf die bekanntesten Abbildungen in der Schulmathematik eingehen:

1. **Spiegelungen**

   - an einer Koordinatenachse

     Wenn man einen Punkt $P(x|y)$ z.B. an der x-Achse spiegelt, bleibt die x-Koordinate wie sie ist und bei der y-Koordinate dreht sich das Vorzeichen um. Bildpunkte bezeichnet man üblicherweise mit P', die Koordinaten entsprechend mit x' und y'. Für die Spiegelung an der x-Achse gilt somit

     $$x' = x \quad \text{und} \quad y' = -y$$

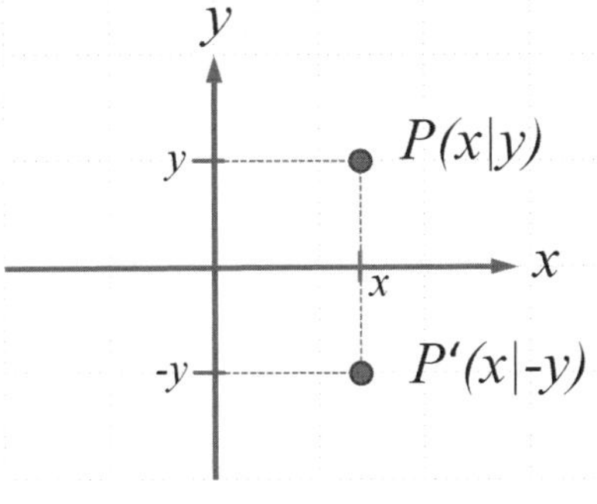

Diese Gleichungen bezeichnet man als Abbildungsgleichungen. Sie stellen die Beziehung zwischen den ursprünglichen Koordinaten und den Bildkoordinaten her. Genauer: Sie geben an, wie man die Koordinaten des Bildpunktes aus den Koordinaten des Urbildpunktes berechnet. Die Abbildungsgleichungen sollen nun mit Hilfe einer Matrix dargestellt werden. Dazu schreiben wir zunächst etwas ausführlicher:

$$x' = 1 \cdot x + 0 \cdot y \quad \text{und} \quad y' = 0 \cdot x - 1 \cdot y \quad \text{bzw. in Matrixform}$$

$$\begin{pmatrix} x' \\ y' \end{pmatrix} = \begin{pmatrix} 1 & 0 \\ 0 & -1 \end{pmatrix} \cdot \begin{pmatrix} x \\ y \end{pmatrix} \quad \text{oder} \quad \vec{x'} = A \cdot \vec{x} \quad \text{mit} \quad A = \begin{pmatrix} 1 & 0 \\ 0 & -1 \end{pmatrix}$$

Die Schreibweise inklusive des Vektors x heißt Abbildungsgleichung, die Matrix A Abbildungsmatrix.

- am Ursprung

Bei der Punktspiegelung am Ursprung drehen sich die Vorzeichen beider Koordinaten um:

$$x' = -x = -1 \cdot x + 0 \cdot y$$
$$y' = -y = 0 \cdot x - 1 \cdot y$$

Die Abbildungsmatrix der Punktspiegelung am Ursprung hat damit die Gestalt $A = \begin{pmatrix} -1 & 0 \\ 0 & -1 \end{pmatrix}$.

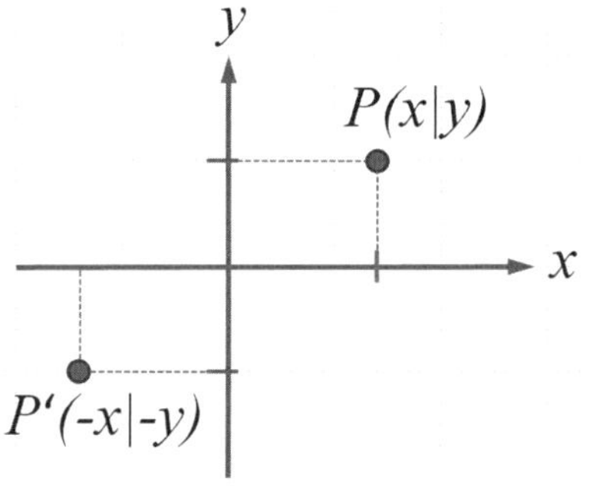

- an einer beliebigen Ursprungsgeraden

Die Spiegelung wird in der Schule immer orthogonal (rechtwinklig) zur Spiegelachse durchgeführt. Die Zeichnung lässt bereits ahnen, dass ähnlich wie bei der Projektion vorgegangen wird: Wir berechnen zunächst den Schnittpunkt mit der Geraden. Da man jetzt den Weg vom Urbildpunkt P zur Geraden sozusagen zweimal laufen muss, um den Bildpunkt P' zu erhalten, verdoppeln wir einfach den Parameter aus der Geradengleichung.

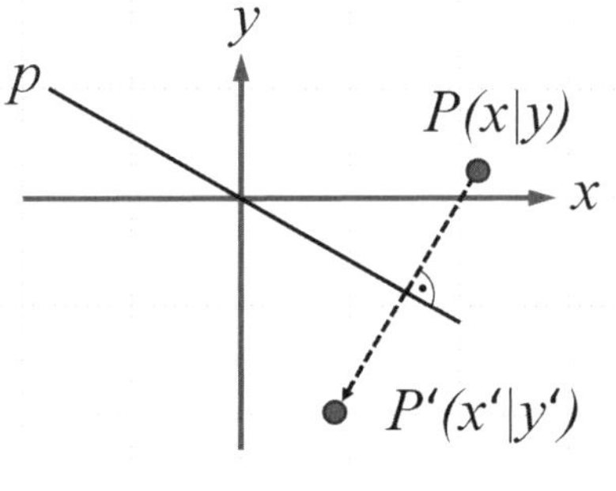

Der Punkt $P(x|y)$ soll an der Geraden bzw. Achse $p : x + 3y = 0$ gespiegelt werden. Zunächst stellen wir eine Gerade auf. Da unsere Hilfsgerade (gestrichelte

Linie im Bild) senkrecht auf der Achse stehen soll, verwendet man als Richtungsvektor den Normalenvektor $\vec{n} = (1\ 3)^T$ und muss somit den Schnittpunkt von

$$p : x + 3y = 0 \quad \text{und} \quad g : \vec{x'} = \begin{pmatrix} x \\ y \end{pmatrix} + t \cdot \begin{pmatrix} 1 \\ 3 \end{pmatrix}$$

berechnen. Die Geradengleichung g schreiben wir um und ersetzen in der Geradengleichung von p die Variable x durch $x + t$ und y durch $y + 3t$:

$$\begin{aligned} & x + t + 3 \cdot (y + 3t) &= 0 \\ \Leftrightarrow \quad & x + t + 3y + 9t &= 0 \\ \Leftrightarrow \quad & 10t &= -x - 3y \\ \Leftrightarrow \quad & t &= -0,1x - 0,3y \end{aligned}$$

Es ist jetzt nicht nötig, den Schnittpunkt zu berechnen, der ja nur ein Hilfspunkt ist. Stattdessen verdoppelt man den Parameter t und erhält sofort die Koordinaten des Bildpunktes.

$$\vec{x'} = \vec{x} + 2 \cdot (-0,1x - 0,3y) \begin{pmatrix} 1 \\ 3 \end{pmatrix} = \begin{pmatrix} 0,8x - 0,6y \\ -0,6x - 0,8y \end{pmatrix}$$

und daraus wiederum die Abbildungsmatrix $A = \begin{pmatrix} 0,8 & -0,6 \\ -0,6 & -0,8 \end{pmatrix}$

2. **Projektion**

- auf eine Koordinatenachse

  Eine weitere einfache Abbildung ist die Projektion auf eine Koordinatenachse, in diesem Beispiel auf die x-Achse. Die Abbildungsgleichungen lauten:

  $$\begin{aligned} x' &= x = 1 \cdot x + 0 \cdot y \\ y' &= 0 = 0 \cdot x + 0 \cdot y \end{aligned}$$

  Die Abbildungsmatrix bei Projektion auf die x-Achse lautet also $A = \begin{pmatrix} 1 & 0 \\ 0 & 0 \end{pmatrix}$.

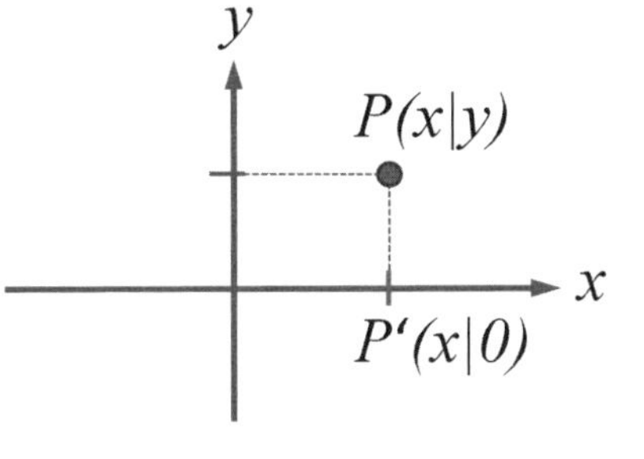

- auf eine beliebige Ursprungsgerade

Die oben vorgeführte Projektion auf die x-Achse war senkrecht (orthogonal), aber das ist nicht notwendig. Bei der häufigsten Anwendung in der Schule, dem Schattenwurf, ist das sogar eher die Ausnahme. Dabei wird in eine vorgegebene Richtung auf eine Gerade projiziert. Weil die Strahlen alle parallel verlaufen, nennt man diese Projektion Parallelprojektion.

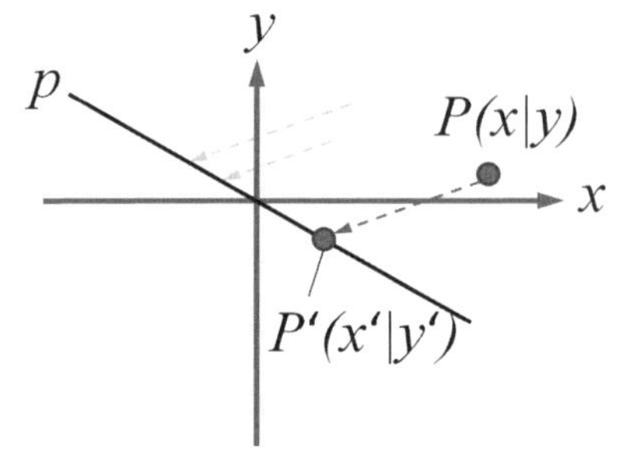

Die Abbildungsmatrix der Projektion wird in der Schule üblicherweise nicht allgemein angegeben, sondern immer nur für eine spezielle Projektionsgerade und eine spezielle Projektionsrichtung ermittelt. In unserem Beispiel soll ein Punkt $P(x|y)$ in Richtung des Vektors $(2\ 1)^T$ auf die Gerade $p: x + 3y = 0$ projiziert werden. Der Punkt $P(x|y)$ muss dennoch die allgemeinen unbekannten Koordinaten behalten, da man für die Berechnung der Abbildungsmatrix die Abbildungsgleichungen in der Form $x' = \text{Zahl}\cdot x + \text{Zahl}\cdot y$ bzw. $y' = \text{Zahl}\cdot x + \text{Zahl}\cdot y$ benötigt.

Der Bildpunkt P' ist der Schnittpunkt der Projektionsgeraden mit der Geraden durch P in Richtung des vorgegebenen Vektors, also mit

$$g: \vec{x'} = \begin{pmatrix} x \\ y \end{pmatrix} + t \cdot \begin{pmatrix} 2 \\ 1 \end{pmatrix}.$$

Zur Berechnung des Schnittpunktes wird g in die Projektionsgerade p eingesetzt:

$$\begin{aligned} & x + 2t + 3 \cdot (y + t) &&= 0 \\ \Leftrightarrow \quad & x + 2t + 3y + 3t &&= 0 \\ \Leftrightarrow \quad & 5t &&= -x - 3y \\ \Leftrightarrow \quad & t &&= -0,2x - 0,6y \end{aligned}$$

Setzt man t in die Gerade g ein, so erhält man den Schnittpunkt

$$\begin{pmatrix} x' \\ y' \end{pmatrix} = \begin{pmatrix} x \\ y \end{pmatrix} + (-0,2x - 0,6y) \cdot \begin{pmatrix} 2 \\ 1 \end{pmatrix} = \begin{pmatrix} 0,6x - 1,2y \\ -0,2x + 0,4y \end{pmatrix}$$

und daraus die Abbildungsmatrix $A = \begin{pmatrix} 0,6 & -0,2 \\ -1,2 & 0,4 \end{pmatrix}$.

3. **Drehung um den Ursprung**

Drehungen erfolgen in der Mathematik immer gegen den Uhrzeigersinn. Die Herleitung der Drehmatrix soll uns hier nicht interessieren. Sie hat die Gestalt

$$A = \begin{pmatrix} \cos(\alpha) & -\sin(\alpha) \\ \sin(\alpha) & \cos(\alpha) \end{pmatrix}.$$

Eine Drehung um den Ursprung um den Winkel 180° ist in der Ebene gleichbedeutend mit der Punktspiegelung am Ursprung.

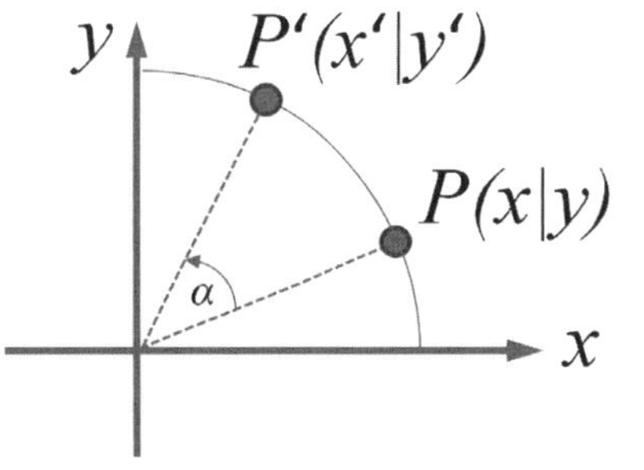

12.2 Punkte abbilden

Hier sollen zwei einfache Beispiele gezeigt werden, wie Punkte mit Hilfe einer Zuordnung abgebildet werden:

1. Wir wollen einen Punkt $P(2|3)$ mit der Zuordnung

$$\alpha : \vec{x'} = \begin{pmatrix} 2 & 1 \\ 1 & 3 \end{pmatrix} \cdot \vec{x}$$

abbilden. Es gilt

$$\alpha : \vec{x'} = \begin{pmatrix} 2 & 1 \\ 1 & 3 \end{pmatrix} \cdot \begin{pmatrix} 2 \\ 3 \end{pmatrix} = \begin{pmatrix} 7 \\ 11 \end{pmatrix}.$$

Wir erhalten somit den Punkt $P'(7|11)$.

2. Wir wollen einen Punkt $S(1|4|2)$ mit der Zuordnung

$$\alpha : \vec{x'} = \begin{pmatrix} 1 & 0 & 1 \\ 2 & 1 & 0 \\ 0 & 0 & 1 \end{pmatrix} \cdot \vec{x}$$

abbilden. Es gilt

$$\alpha : \vec{x'} = \begin{pmatrix} 1 & 0 & 1 \\ 2 & 1 & 0 \\ 0 & 0 & 1 \end{pmatrix} \cdot \begin{pmatrix} 1 \\ 4 \\ 2 \end{pmatrix} = \begin{pmatrix} 3 \\ 6 \\ 2 \end{pmatrix}.$$

Wir erhalten somit den Punkt $S'(3|6|2)$.

12.3 Bildgerade bestimmen

Die Geradengleichung g soll mit α abgebildet werden. Es gilt

$$\begin{aligned} g: \vec{x} &= \begin{pmatrix} 8 \\ -2 \end{pmatrix} + t \cdot \begin{pmatrix} -1 \\ 3 \end{pmatrix} \quad \text{und} \\ \alpha: \vec{x'} &= \begin{pmatrix} 3 & -2 \\ 2 & 5 \end{pmatrix} \cdot \vec{x} + \begin{pmatrix} 3 \\ -1 \end{pmatrix}. \end{aligned}$$

Idee: Wir setzen die Geradengleichung einfach in die Abbildung ein. Es folgt mit

$$\begin{aligned} \alpha: \vec{x'} &= \begin{pmatrix} 3 & -2 \\ 2 & 5 \end{pmatrix} \cdot \left(\begin{pmatrix} 8 \\ -2 \end{pmatrix} + t \cdot \begin{pmatrix} -1 \\ 3 \end{pmatrix} \right) + \begin{pmatrix} 3 \\ -1 \end{pmatrix} \\ &= \begin{pmatrix} 28 \\ 6 \end{pmatrix} + \begin{pmatrix} -9t \\ 13t \end{pmatrix} + \begin{pmatrix} 3 \\ -1 \end{pmatrix} \\ \Rightarrow \quad g': \vec{x'} &= \begin{pmatrix} 31 \\ 5 \end{pmatrix} + t \cdot \begin{pmatrix} -9 \\ 13 \end{pmatrix} \end{aligned}$$

die Gleichung der Bildgeraden g'.

12.4 Fixpunkt bestimmen

Bei Fixpunkten handelt es sich um Punkte, die bei einer Abbildung auf sich selbst abgebildet werden, also „fix“ bleiben. Nicht jede mathematische Abbildung hat einen (oder gar mehrere) Fixpunkte. Die Fixpunkte einer Achsenspiegelung sind die Punkte der Spiegelachse. Eine Punktspiegelung hat nur einen Fixpunkt, nämlich deren Zentrum. Gegeben sei folgende Abbildung, die auf Fixpunkte untersucht werden soll:

$$\vec{x'} = \begin{pmatrix} 3 & 0 \\ 0 & 3 \end{pmatrix} \cdot \vec{x} + \begin{pmatrix} -6 \\ -8 \end{pmatrix}$$

Wenn Fixpunkte existieren, muss folgende Gleichung erfüllt sein:

$$\begin{pmatrix} 3 & 0 \\ 0 & 3 \end{pmatrix} \cdot \begin{pmatrix} x_1 \\ x_2 \end{pmatrix} + \begin{pmatrix} -6 \\ -8 \end{pmatrix} = \begin{pmatrix} x_1 \\ x_2 \end{pmatrix}$$

Es ergibt sich ein LGS mit zwei Gleichungen und zwei Unbekannten:

$$\begin{aligned} 3x_1 - 6 &= x_1 \\ 3x_2 - 8 &= x_2 \end{aligned}$$

Es lässt sich eine eindeutige Lösungen finden mit dem Ergebnissen $x_1 = 3$ und $x_2 = 4$. Das bedeutet die Abbildung besitzt einen einzigen Punkt, der auf sich selbst abgebildet wird: den Fixpunkt $F(3|4)$. Was passiert, wenn wenn wir keine eindeutige Lösung für x_1 und x_2 erhalten?

Wahre Aussage, wie z.B.

$$0 = 0$$
$$3 = 3$$

bedeutet, dass wir eine Fixpunktgerade vorliegen haben. Weiteres Vorgehen siehe Abschnitt Fixpunktgerade bestimmen.

Falsche Aussage, wie z.B.

$$0 = -9$$
$$1 = 3$$

bedeutet, dass die Abbildung keinen Punkt hat, der auf sich selbst abgebildet wird. Damit sind wir an dieser Stelle fertig!

12.5 Fixpunktgerade bestimmen

Die Abbildung

$$\alpha : \vec{x'} = \begin{pmatrix} 2 & -2 \\ -2 & 5 \end{pmatrix} \cdot \vec{x} + \begin{pmatrix} -1 \\ 2 \end{pmatrix}$$

soll auf Fixpunkte untersucht werden. Wenn es einen Fixpunkt geben soll, muss die nachstehende Gleichung gelten. Wir erhalten ein Gleichungssystem, welches wir lösen:

$$\begin{aligned}
& & \begin{pmatrix} 2 & -2 \\ -2 & 5 \end{pmatrix} \cdot \begin{pmatrix} x_1 \\ x_2 \end{pmatrix} + \begin{pmatrix} -1 \\ 2 \end{pmatrix} &= \begin{pmatrix} x_1 \\ x_2 \end{pmatrix} \\
&\text{I} & 2x_1 - 2x_2 - 1 &= x_1 \quad |-x_1 \,|+1 \\
&\text{II} & -2x_1 + 5x_2 + 2 &= x_2 \quad |-x_2 \,|-2 \\
&\text{I} & x_1 - 2x_2 &= 1 \\
&\text{II} & -2x_1 + 4x_2 &= -2
\end{aligned}$$

Wenn wir Gleichung II $+ 2 \cdot$ I rechnen, erhalten wir die Lösung $0 = 0$! Jetzt bloß keine Panik! Es liegt eine allgemeingültige Aussage vor - was machen wir? Wir sagen, dass z.B. $x_2 = t$ gilt, setzen dieses Ergebnis in I ein und erhalten

$$\begin{aligned}
x_1 - 2t &= 1 \\
x_1 &= 1 + 2t
\end{aligned}$$

und somit die Fixpunktgerade

$$g : \vec{x} = \begin{pmatrix} 1 + 2t \\ 0 + 1t \end{pmatrix} = \begin{pmatrix} 1 \\ 0 \end{pmatrix} + t \cdot \begin{pmatrix} 2 \\ 1 \end{pmatrix}.$$

Alle Punkte, die auf dieser Geraden liegen werden auf sich selbst abgebildet. Wer die Gerade lieber in Koordinatenform vorliegen hat, kann sich nach der wahren Aussage $0 = 0$ die Gleichung I vornehmen und folgendermaßen umschreiben:

$$\begin{aligned}
\text{aus I}: \quad & x_1 - x_2 = 1 \quad \text{mit } x_1 = x \text{ und } x_2 = y \\
& x - 2y = 1 \\
& \Rightarrow \quad y = \frac{1}{2}x - \frac{1}{2}
\end{aligned}$$

12.6 Fixgeraden bestimmen

Hat eine affine Abbildung einen Fixpunkt (Berechnung sollte klar sein), dann setzt sich eine Fixgerade wie folgt zusammen:

$$g : \vec{x} = \underbrace{\begin{pmatrix} \\ \end{pmatrix}}_{\text{Fixpunkt}} + t \cdot \underbrace{\begin{pmatrix} \\ \end{pmatrix}}_{\text{Eigenvektor}}$$

Wenn also eine Fixgerade existiert, werden Punkte entlang dieser Graden mit dem Richtungsvektor $\vec{u}$ abgebildet, wofür die Berechnung von Eigenwerten und Eigenvektoren notwendig ist.

Einschub Eigenwerte/Eigenvektoren

Ein Eigenvektor einer Abbildung ist in der linearen Algebra ein vom Nullvektor verschiedener Vektor, dessen Richtung durch die Abbildung nicht verändert wird. Ein Eigenvektor wird also nur skaliert und man bezeichnet den Skalierungsfaktor als Eigenwert der Abbildung. Gegeben sei die Abbildung

$$\alpha : \vec{x'} = \begin{pmatrix} 1 & 1 \\ 2 & 0 \end{pmatrix} \cdot \vec{x} + \begin{pmatrix} 3 \\ 4 \end{pmatrix},$$

die auf Eigenwerte untersucht werden soll. Dafür ist nur die Matrix wichtig, die bei $\vec{x}$ steht. Der Rest wird nicht betrachtet. Merkt euch: Nehmt diese Matrix und schreibt immer oben links und unten rechts ein $-\lambda$ hin. Wenn wir von dieser Matrix die Determinante bilden und gleich 0 setzen, können wir die Eigenwerte bestimmen. Es gilt

$$\begin{aligned} & \det(A - \lambda \cdot E) &&= 0 \\ \Rightarrow \quad & \det\left(\begin{pmatrix} 1-\lambda & 1 \\ 2 & 0-\lambda \end{pmatrix}\right) &&= 0 \\ \Rightarrow \quad & (1-\lambda)\cdot(-\lambda) - 2 \cdot 1 &&= 0 \\ \Leftrightarrow \quad & \lambda^2 - \lambda - 2 &&= 0 \quad |\text{TR oder PQ-Formel ergbibt} \\ \Leftrightarrow \quad & \lambda_1 = -1 &&\text{und} \quad \lambda_2 = 2, \end{aligned}$$

wobei λ_1 und λ_2 die Eigenwerte sind. Für den Einheitsvektor werden die Eigenwerte einzeln in die Gleichung

$$\begin{pmatrix} 1-\lambda & 1 \\ 2 & 0-\lambda \end{pmatrix} \cdot \begin{pmatrix} u_1 \\ u_2 \end{pmatrix} = \vec{0}$$

eingesetzt und nach u_1 und u_2 aufgelöst. Für $\lambda_1 = -1$ folgt das Gleichungssystem:

$$\begin{aligned} \text{I} \quad 2u_1 + u_2 &= 0 \\ \text{II} \quad 2u_1 + u_2 &= 0 \end{aligned}$$

I − II ergibt eine wahre Aussage 0 = 0. Sei also $u_2 = t$, dann folgt für $u_1 = -t/2$, wenn wir $u_2 = t$ in I einsetzen. Damit erhalten wir den Eigenvektor

$$\begin{pmatrix} u_1 \\ u_2 \end{pmatrix} = \begin{pmatrix} -\frac{t}{2} \\ t \end{pmatrix} = t \cdot \begin{pmatrix} -\frac{1}{2} \\ 1 \end{pmatrix}.$$

Das Gleiche machen wir jetzt nochmal für den Eigenwert $\lambda_2 = 2$ und es folgt analog für den Einheitsvektor

$$\begin{pmatrix} u_1 \\ u_2 \end{pmatrix} = \begin{pmatrix} t \\ t \end{pmatrix} = t \cdot \begin{pmatrix} 1 \\ 1 \end{pmatrix}.$$

- Sollte es nur einen λ-Wert geben: Nur ein Eigenwert = Nur ein Eigenvektor!
- Sollte es keinen λ-Wert geben: Kein Eigenwert = Kein Eigenvektor!

Kommen wir zurück auf die Berechnung einer Fixgerade. Gegeben sei die Abbildung

$$\alpha : \vec{x'} = \begin{pmatrix} 1 & 0 \\ 0 & 2 \end{pmatrix} \cdot \vec{x} + \begin{pmatrix} 2 \\ 1 \end{pmatrix},$$

von der wir wissen, dass diese keinen Fixpunkt hat - kommt eine falsche Aussage heraus! Das bedeutet jetzt nicht, dass es keine Fixgerade gibt! Wichtig für die Fixgerade sind die Eigenvektoren. Als Eigenwerte kommen $\lambda_1 = 1$ und $\lambda_2 = 2$ heraus mit den Eigenvektoren

$$\vec{u_1} = t \cdot \begin{pmatrix} 1 \\ 0 \end{pmatrix} \quad \text{und} \quad \vec{u_2} = t \cdot \begin{pmatrix} 0 \\ 1 \end{pmatrix}.$$

Beide Eigenvektoren werden nun untersucht. Der Ansatz lautet für $\vec{u_1}$:

$$\begin{pmatrix} 1 & 0 \\ 0 & 2 \end{pmatrix} \cdot \begin{pmatrix} x_1 \\ x_2 \end{pmatrix} + \begin{pmatrix} 2 \\ 1 \end{pmatrix} - \begin{pmatrix} x_1 \\ x_2 \end{pmatrix} = \mu \cdot \underbrace{\begin{pmatrix} 1 \\ 0 \end{pmatrix}}_{\vec{u_1}}$$

$$\begin{aligned} \text{I} \quad & x_1 + 2 - x_1 = \mu \\ \text{II} \quad & 2x_2 + 1 - x_2 = 0 \end{aligned}$$

Zwei Gleichungen und drei Unbekannte. x_1 fällt in I weg und wir erhalten $\mu = 2$. Aus II folgt $x_2 = -1$. Unsere Fixgerade lautet also für diesen Eigenvektor

$$g : \vec{x} = \begin{pmatrix} x_1 \\ -1 \end{pmatrix} + t \cdot \begin{pmatrix} 1 \\ 0 \end{pmatrix}.$$

Für den Eigenvektor $\vec{u_2}$ erhalten wir eine falsche Aussage und damit keine weitere Fixgerade.

Weiteres **Beispiel**: Gegeben sei die Abbildung

$$\alpha : \vec{x'} = \begin{pmatrix} 0 & 1 \\ 2 & -1 \end{pmatrix} \cdot \vec{x} + \begin{pmatrix} 0 \\ 2 \end{pmatrix}.$$

Zudem wissen wir bereits:

- Abbildung besitzt keinen Fixpunkt
- Zwei Eigenwerte mit $\lambda_1 = -2$ und $\lambda_2 = 1$
- Zwei Eigenvektoren mit $\vec{u_1} = t \cdot (1,1)^T,\ \vec{u_2} = t \cdot (1,-2)^T$

Für $\vec{u_2}$ gilt:

$$\begin{pmatrix} 0 & 1 \\ 2 & -1 \end{pmatrix} \cdot \begin{pmatrix} x_1 \\ x_2 \end{pmatrix} + \begin{pmatrix} 0 \\ 2 \end{pmatrix} - \begin{pmatrix} x_1 \\ x_2 \end{pmatrix} = \mu \cdot \begin{pmatrix} 1 \\ -2 \end{pmatrix} \quad \text{bzw. das LGS}$$

$$\begin{array}{lr} \text{I} & x_2 - x_1 = \mu \\ \text{II} & 2x_1 - x_2 + 2 - x_2 = -2\mu \end{array}$$

Addition von $\text{II} + 2 \cdot \text{I}$ liefert die falsche Aussage $2 = 0$! Hier liegt also keine Fixgerade vor.

Für $\vec{u_1}$ gilt:

$$\begin{pmatrix} 0 & 1 \\ 2 & -1 \end{pmatrix} \cdot \begin{pmatrix} x_1 \\ x_2 \end{pmatrix} + \begin{pmatrix} 0 \\ 2 \end{pmatrix} - \begin{pmatrix} x_1 \\ x_2 \end{pmatrix} = \mu \cdot \begin{pmatrix} 1 \\ 1 \end{pmatrix} \quad \text{bzw. das LGS}$$

$$\begin{array}{lr} \text{I} & x_2 - x_1 = \mu \\ \text{II} & 2x_1 - x_2 + 2 - x_2 = \mu \end{array}$$

Addition von $2 + 2 \cdot 1$ liefert $\mu = 2/3$! Einsetzen in Gleichung I bringt

$$\begin{aligned} & -x_1 + x_2 &= \frac{2}{3} \quad \text{sei } x_2 = t \\ \Rightarrow\quad & -x_1 + t &= \frac{2}{3} \\ \Leftrightarrow\quad & x_1 &= t - \frac{2}{3} \end{aligned}$$

und damit die Fixgerade

$$g : \vec{x} = \begin{pmatrix} -2/3 \\ 0 \end{pmatrix} + t \cdot \begin{pmatrix} 1 \\ 1 \end{pmatrix}.$$

12.7 Verkettung von Abbildungen

Gegeben seien die Abbildungen

$$\alpha : \vec{x'} = \begin{pmatrix} 2 & 1 \\ -1 & 3 \end{pmatrix} \cdot \vec{x} \quad \text{und}$$
$$\beta : \vec{x'} = \begin{pmatrix} 4 & -5 \\ 1 & 2 \end{pmatrix} \cdot \vec{x},$$

welche verkettet werden sollen. Für die Verkettung nutzt man das Symbol $\circ$. Es gilt

$$\alpha \circ \beta : \quad \vec{x'} = \left(\begin{pmatrix} 2 & 1 \\ -1 & 3 \end{pmatrix} \cdot \begin{pmatrix} 4 & -5 \\ 1 & 2 \end{pmatrix} \right) \cdot \vec{x} = \begin{pmatrix} 9 & -8 \\ -1 & 11 \end{pmatrix} \cdot \vec{x}.$$

Wichtig: Wenn nach der Reihenfolge der Abbildung gefragt wird, gilt hier: Zuerst wird nach β und dann nach α abgebildet! Obwohl $\alpha \circ \beta$ etwas anderes vermuten lässt.

12.8 Abbildungsgleichung bestimmen

Gegeben sei

$$M = \begin{pmatrix} a & b \\ c & d \end{pmatrix} \quad \text{und} \quad \vec{x} = \begin{pmatrix} x_1 \\ x_2 \end{pmatrix}$$

und die Abbildungsvorschrift

$$f(x') = M \cdot \vec{x} \quad \text{bzw.} \quad \vec{x'} = M \cdot \vec{x} \quad \text{oder} \quad \begin{pmatrix} x'_1 \\ x'_2 \end{pmatrix} = M \cdot \begin{pmatrix} x_1 \\ x_2 \end{pmatrix}.$$

Es sei bekannt, dass die Punkte $A(1|2)$ und $B(-3|2)$ auf $A'(10|11)$ und $B'(-6|-1)$ abgebildet werden. Die Aufgabe sei es nun, die Matrix M zu bestimmen. Es gilt

$$\text{I} \quad \begin{pmatrix} a & b \\ c & d \end{pmatrix} \cdot \begin{pmatrix} 1 \\ 2 \end{pmatrix} = \begin{pmatrix} 10 \\ 11 \end{pmatrix} \quad \text{und} \quad \text{II} \quad \begin{pmatrix} a & b \\ c & d \end{pmatrix} \cdot \begin{pmatrix} -3 \\ 2 \end{pmatrix} = \begin{pmatrix} -6 \\ -1 \end{pmatrix},$$

woraus wir ein LGS mit vier Gleichungen und vier Unbekannten erhalten:

$$\begin{array}{lr} \text{I} & a + 2b = 10 \\ \text{II} & c + 2d = 11 \\ \text{III} & -3a + 2b = -6 \\ \text{IV} & -3c + 2d = -1 \end{array}$$

Auflösung des Gleichungssystem bringt für die gesuchte Matrix M die Abbildungsgleichung

$$\vec{x'} = \underbrace{\begin{pmatrix} 4 & 3 \\ 3 & 4 \end{pmatrix}}_{M} \cdot \vec{x}.$$

Notizen

StudyHelp

Notizen

Notizen

StudyHelp